Verborgene Welten

Gabriele Hasmann · Ursula Blaim

VERBORGENE WELTEN

Paralleluniversen, Zeitreisen und andere Mysterien

ueberreuter

Danke, dass Sie sich für unser Buch entschieden haben!
Sie wollen mehr über unsere Bücher erfahren und über unser Programm auf dem Laufenden bleiben? Befreunden Sie sich mit uns auf Facebook, folgen Sie uns auf Instagram oder abonnieren Sie unseren Newsletter. Wir freuen uns auf Sie!

1. Auflage 2021

ISBN 978-3-8000-7751-9

Coverfoto: © Charlotte Schwarz
Covergestaltung: Saskia Beck, s-stern.com
Satz: Hannes Strobl, Satz·Grafik·Design, Neunkirchen
Druck und Bindung: Finidr s. r. o.

www.ueberreuter.at
#ueberreuter_wien
@ueberreuter_wien

Inhalt

Vorwort

Parallelwelten, Zeitreisen und Multiversen sind beliebte Themen in der Science-Fiction, beruhen allerdings oft auf wahren Erlebnissen und Erfahrungsberichten. Von diesen tatsächlichen Vorkommnissen berichtet dieses Werk und zeigt damit auf, dass die Grenzen zwischen Realität und Fantasie nur in unseren Köpfen bestehen, denn der Mensch akzeptiert in der Regel nur jene Dinge, die er schon kennt und die ihm geläufig sind.

Doch sind die Geschichten, die uns erzählt werden, auch verifizierbar oder haben wir es hierbei lediglich mit subjektiver Wahrnehmung zu tun?

Und seien wir ehrlich: Haben Sie nicht auch schon einmal darüber spekuliert, wie sich etwas entwickeln hätte können, wenn Sie an einem bestimmten Punkt Ihres Lebens eine andere Entscheidung getroffen hätten? Existiert eine zweite Welt, in der das passiert, was bisher nur gedacht wurde? Kann man zwischen diesen Realitäten wechseln? Was ist wahr und was falsch, was echt, was eine Täuschung?

Salvador Dalí formulierte es folgendermaßen: „Eines Tages wird man offiziell zugeben müssen, dass das, was wir Wirklichkeit getauft haben, eine noch größere Illusion ist als die Welt des Traumes."

Wenige Tage vor seinem Tod hat der bekannte Astrophysiker Stephen Hawking ein mathematisches Modell zu einem Multiversum erstellt, das aus dem Urknall entstand. Unser Universum ist somit nur eines von unendlich vielen in einem Meer von Möglichkeiten.

Auf diesen Überlegungen basierend ergibt sich die Frage: Ist alles vorherbestimmt oder sind wir unseres Schicksals eigener Schmied?

Unsere Erde bietet mit ihren vielen mystischen Kulissen eine Fülle von atemberaubenden Berichten aus der Anderswelt. Wir begegnen darin Personen, die gar nicht mehr existieren dürften, sowie Wesen aus anderen Dimensionen, erleben paranormale Phänomene wie spurlos verschwundene Menschen und Orte, Raum-Zeit-Paradoxien und viele andere verblüffende Wahrnehmungs-Anomalien.

Gabriele Hasmann und Ursula Blaim nehmen Sie mit auf eine abenteuerliche Reise in andere Welten, die irgendwo zwischen unserer Realität und allem, was man sich vorstellen kann, liegen – halten Sie sich fest!

Mario Rank
Mythenforscher

Einleitung

Multiversen, Dimensionssprünge, Raum-Zeit-Paradoxien, Glitch in der Matrix ... das alles sind Begriffe und Ausdrücke, mit denen Menschen wie Sie und ich im Alltag üblicherweise nicht konfrontiert werden. Auch in der Schule haben wir wenig darüber gehört bzw. sind von unseren Lehrern nicht in die unendlichen Tiefen dieser Thematik geführt worden.

Ein Erklärungsversuch meinerseits für diese Erscheinungen kann nur scheitern – erstens, weil ich selbst eine jener Personen bin, die sich nie ausführlich mit den Phänomenen und Effekten aus dem Bereich Quantenphysik und Co. beschäftigt haben, zweitens, weil Sie sich als Leser dieses Buches vermutlich ohnehin eher für die Hard Facts, also die tatsächlichen Ereignisse, als für die naturwissenschaftlichen Hintergründe derselben interessieren. Und sollten Sie wirklich mehr über die tatsächlich existente Science-Fiction erfahren wollen, gibt es ausreichend Informationsmöglichkeiten in einschlägigen Werken, die ihren Wissendurst stillen, bzw. Internet-Foren, in welchen Sie sich mit Gleichgesinnten austauschen können.

Nicht finden werden Sie hier einen ausführlichen Bericht über das „Zauberreich Untersberg“, da die beim „Herzchakra Europas“ vorkommenden Phänomene bereits in Hunderten Werken beschrieben wurden. Es gibt, der Vollständigkeit halber, in diesem Buch nur eine kurze Erwähnung aller dort vorkommenden Paradoxien sowie die Schilderung eines Zeugen.

Es fehlen außerdem Bewertung oder Interpretation der Berichte Betroffener, da die Geschichten und Erlebnisse dieser Personen für sich stehen sollen.

Was ich als Autorin Ihnen allerdings mit auf den Weg geben kann, ist der Hinweis, mit offenen Augen durch unsere wunderbare Welt zu gehen. Verlieren Sie ruhig auch einmal den Boden der Realität unter den Füßen und schieben Sie den logischen Verstand hin und wieder beiseite – viele Dinge liegen nämlich gar nicht im Rahmen der gängigen Wahrnehmung.

Bewerten Sie aber dennoch alles mit einer gesunden Portion Skepsis und wägen Sie stets Wahrscheinlichkeiten ab, ehe Sie über eine Situation oder die Erzählung eines anderen Menschen urteilen.

Mir bleibt nur noch, Ihnen viel Spaß bei der Lektüre der folgenden Aufzeichnungen – recherchiert in Zeitungen, Archiven und im Internet – sowie zahlreichen Geschichten zu wünschen, die sich genau so zugetragen haben könnten, wie von diversen Zeugen berichtet, vielleicht aber auch nicht. Entscheiden Sie selbst!

Hinweis: Wenn ein Text mit „Erzählung" eingeleitet wird, hat die Person die Erfahrung selbst gemacht bzw. die Phänomene persönlich erlebt.

Zudem möchte ich darauf aufmerksam machen, dass sich viele der Geschichten in jedem der drei großen Kapitel auch den jeweils anderen beiden Kapiteln zuordnen ließen und es da und dort Überschneidungen gibt.

Zuletzt eine Warnung: Es könnte sein, dass dieses Buch mehr Fragen aufwirft, als es beantwortet, was in der Natur des Stoffs liegt – aber vielleicht ist das Thema ja gerade deshalb so interessant, weil man sich genau diese Fragen nie zuvor gestellt hätte!

Ihre
Gabriele Hasmann

Ich habe mich mein halbes Leben lang mit paranormalen Dingen beschäftigt und bin mit Phänomenen unterschiedlichster Art konfrontiert worden. Dabei bin ich stets zwischen unerklärlichen Wahrnehmungen, der Angst vor Täuschung und wissenschaftlichen Erklärungsmodellen gependelt.

Heute kann ich als aufgeschlossener Mensch sagen, dass ich nicht immer alle Rätsel lösen, aber auch keine ultimative Bestätigung für die Existenz überirdischer Wesen und Ereignisse finden konnte. Und doch glaube ich immer noch an das Irreale, das sich häufig so abstrakt präsentiert, dass niemand in der Lage wäre, es zu erfinden.

Was eine vorhandene Matrix oder Parallelwelten betrifft: Es gibt viele Theorien, aber kaum Beweise! Fast scheint es, als würde uns echtes Wissen vorenthalten werden. Doch die Menschen erwachen zusehends. Und wer weiß, vielleicht brechen wir eines Tages aus unserer festgefahrenen 3-D-Welt aus und erforschen alle unsere Möglichkeiten. Unter Umständen erkennen wir schon bald, dass wir als geistige Wesen in einem menschlichen Körper zu viel mehr bestimmt sind und dass alles, was hier auf Erden geschieht, einen Lernprozess darstellt, der uns irgendwann sämtliche Facetten des Seins zeigen und Tore zu fremden Galaxien öffnen wird.

Wir haben für dieses Buch verschiedenste Geschichten von Menschen zusammengetragen, die mehr oder weniger freiwillig die seltsamsten Dinge erlebten. Viele davon regen zum Nachdenken an – vielleicht ja auch Sie!

Ihre
Ursula Blaim

Das wunderbarste, das ewige Phänomen ist das eigene Dasein.

Novalis (1772–1801)
eigentlich Georg Philipp Friedrich Leopold Freiherr von Hardenberg
deutscher Lyriker

Faszination Parallelwelten: Von den unendlichen Möglichkeiten in den Multiversen

Sobald wir wissen wollen, was nach dem Urknall, dem Beginn der Welt vor rund 14 Milliarden Jahren, passiert ist, tauchen unweigerlich weitere Fragen auf, die uns in einen Bereich voller Rätsel und Mysterien sowie von ganz viel Mathematik, Physik und Astronomie führen. Der Gedankenkosmos, der sich dabei eröffnet und sich beim Wechsel von einem Thema zum nächsten stets erweitert, wird mit der Zeit nahezu ebenso unendlich wie das All selbst.

Haben sich bei der Entstehung des Universums und am Beginn von Materie, Raum und Zeit vor etwa 13,8 Milliarden Jahren mehrere Parallelwelten mit gewissen Abweichungen voneinander gebildet? Haben sich diese danach komplett unterschiedlich entwickelt oder unterscheiden sie sich nur durch kleine Details und minimale Abweichungen?

Möglicherweise gibt es eine Galaxie, in der John F. Kennedy nie ermordet wurde und Prinzessin Diana noch lebt. Vielleicht existieren mehrere Realitäten neben der uns bekannten, in der beispielsweise unsere Doppelgänger das Leben führen, das wir uns eigentlich wünschen. Oder eine, in der wir nur hie und da andere Entscheidungen treffen, die unser Dasein geringfügig in andere Bahnen lenken.

Eine andere interessante Frage in diesem Zusammenhang ist: Leben in den Parallelwelten Wesen, die fortschrittlicher sind als wir und aus ihrer Dimension in unsere gelangen? Unter Umständen haben Science-Fiction-Fans recht, die von der Evolution einer anderen Spezies sprechen, die wir landläufig „Außerirdische" nennen. Und könnte eine solche Annahme nicht auch ein Argument für die Sichtungen von Geistern und Wiedergängern sein? Zudem würde ein solches Phänomen auch Déjà-vus und andere Sinnestäuschungen erklären, falls wir selbst unbewusst zwischen den Multiversen switchen – weil dann nämlich gängige Naturgesetze irrelevant und die Raum-Zeit-Gefüge ganz andere wären.

In diesem Zusammenhang gilt es, die Teleportation zu erwähnen, also die Fähigkeit, sich von einem Ort zum anderen zu bewegen, ohne den dreidimensionalen Raum dazwischen zu durchqueren. Besitzen wir diese Gabe vielleicht längst, ohne es zu wissen?

Es gibt jedenfalls eine astronomisch hohe Anzahl von Wahrscheinlichkeiten, was die Entstehung von Materie nach dem Urknall betrifft, und wir werden die sich daraus ergebenden Möglichkeiten im Leben auf dieser Erde niemals alle begreifen und schon gar nicht ergründen können. Zumindest nicht in absehbarer Zeit, auch wenn die Wissenschaft sich dieser Thematik nach wie vor höchst interessiert annimmt und auch Fortschritte in der Forschung macht, zum Beispiel mit dem Teilchenbeschleuniger LHC (Large Hadron Collider) von CERN, dessen gesammelte Daten zur Entstehung von Materie im Weltall in ein riesiges Computernetzwerk (Grid) eingespeist und von Physikern auf der ganzen Welt ausgewertet werden.

Zutrittsmöglichkeiten zu den Paralleluniversen existieren angeblich überall dort, wo Risse in der „Hülle" unserer Welt entstanden sind – es handelt sich dabei um sogenannte Portale, die auch Zeitreisen ermöglichen sollen (siehe drittes Kapitel). In etwa gleichbedeutend sind diese Tore in eine Anderswelt mit den „dunklen Pforten", die Endpunkte eines Sphärentunnels durch den Äther darstellen.

Die Menschen sind in der Regel Meister darin, zwei grundlegende Dinge zu unterschätzen: Wie groß der Raum ist, der uns umgibt – und wie viel davon wir tatsächlich begreifen können.

Max Tegmark (*1967)
Physikprofessor am Massachusetts Institute of Technology (MIT)
mit Schwerpunkt Kosmologie

Das Portal im Schönbrunner Schlosspark

Wien, Österreich

Bericht von Gabriele Hasmann

Der Neptunbrunnen im Schlossgarten Schönbrunn wurde 1778–1780 im Auftrag von Kaiserin Maria Theresia auf der Hauptachse des Schlossparks erbaut. Die Entwürfe dazu stammten von Johann Ferdinand Hetzendorf von Hohenberg, die Figuren schuf der Bildhauer Johann Christian Wilhelm Beyer. Durch den Zufluss einer rechtsdrehenden Wasserader ist auch das gesamte Beckenwasser rechtsdrehend, was in der Geomantie bedeutet, dass Körper, Geist und Seele an diesem Ort gestärkt und aufgebaut werden. Somit handelt es sich um einen Kraftort, an dem man sich vom Stress des Alltags erholen, Probleme für einen Moment vergessen und neue Energie tanken kann.

Der Brunnen befindet sich zudem auf einer Linie exakt in der Mitte zwischen Schloss Schönbrunn und der Gloriette. Verlängert man diese Gerade, gelangt man nach Graz, Rom und bis nach Karthago – alles Wirkungsstätten bedeutender Herrscher, Kaiser, Cäsaren und Pharaonen. Es ist sicher kein Zufall, dass die Sommerresidenz der Habsburger am Beginn dieser sogenannten „Kaiser-Linie" erbaut wurde, die den jeweiligen Monarchen stets an die Vergänglichkeit großer Reiche erinnerte.

Hinter dem Neptunbrunnen führen einige Wege auf den Schönbrunner Berg, der mit 243 Meter Seehöhe exakt den zwölften Teil des 2916 Meter hohen Olymps ausmacht, dem sagenumwobenen Sitz der zwölf griechischen Götter. Darunter befinden sich zwölf unterirdische Wasseradern in Richtung Wienfluss, der diese aufnimmt und zum Donaukanal leitet. Die Routen auf den Hügel sind so wie die zehn Verästelungen des Lebensbaums in der Kabbala angelegt. An der Spitze des „Olymps von Wien" prangt die Gloriette, erbaut im Jahr 1775 auf Geheiß von Maria Theresia als „Ruhmestempel" und zugleich „Point de vue" (Hauptblickfang) der prächtigen Schlossanlage. In unmittelbarer Nähe des Bauwerks befindet sich die weit weniger beachtete „Kleine Gloriette“, die der Kultplatz der Illuminaten gewesen sein soll.

Doch zurück zum Neptunbrunnen, der in spiritueller Hinsicht aufgrund seiner zentralen Bedeutung in diesem Netz aus mystischen Wegen und Wasserläufen durchaus als Platz mit magischen Kräften bezeichnet werden kann.

Hinter dem Bauwerk existiert angeblich ein Zutrittsportal zu unserer Welt, das laut Augenzeugen unter anderem von Napoleon Bonaparte genutzt wird. Der Kaiser der Franzosen hat sich 1809 im Schloss Schönbrunn aufgehalten und dort seinen Triumph als Bezwinger der österreichischen Truppen in der Schlacht bei Wagram ausgekostet. In einem der prunkvollen Räume der Residenz diktierte er den Frieden von Schönbrunn, den Kaiser Franz II./I. unterschreiben musste, und nahm den Habsburgern als Kriegsverlierer die Hälfte ihrer Erblande weg. Nur wenige Monate später reiste er mit dem Versprechen in die Heimat zurück, als weiteren Preis für seinen Sieg die Tochter des Monarchen, Maria Luise, ehelichen zu dürfen.

Das Mädchen hatte Napoleon schon als Kind verabscheut. In der *Neuen Freien Presse* vom 12. Jänner 1873 liest man in einem Feuilleton, womit die kleine Erzherzogin einst spielte: „Es wurden kleine Soldaten aus Holz oder Wachs aufgestellt; der Abscheulichste davon war der Bonaparte; ihn trafen die erbittertsten Streiche und Nadelstiche, die heftigsten Verwünschungen seiner kindischen Angreifer.“

Und obwohl Maria Luise die Ehe mit dem „französischen Schurken“ als „eine schlimmere Qual als alle nur denkbaren Martyrien“ empfand, musste sie sich der Staatsräson beugen und in die Ehe einwilligen.

Bereits im März 1810 fand in der Wiener Augustinerkirche eine Ferntrauung zwischen der 18-jährigen Erzherzogin, die ab diesem Zeitpunkt den französischen Namen Marie Louise trug, mit dem um 21 Jahre älteren Napoleon statt. Der Bräutigam war nicht zugegen und wurde vor dem Priester von dem Onkel des Mädchens, Erzherzog Karl, vertreten. Es handelte sich dabei um jenen Mann, der die Franzosen vor der Niederlage in Wagram in der Schlacht von Aspern besiegt hatte. Jeder Anwesende konnte diese freudlose Zeremonie nur als Demütigung vom Feinsten empfinden und hoffen, dass es die letzte sein würde, die Napoleon dem österreichischen Herrscherhaus zufügte.

Im März 1810 machte sich Marie Louise mit einem prächtigen Brautzug auf den Weg nach Frankreich, wo zwei Wochen später die offizielle Hochzeit in der Kapelle des Louvre in Paris stattfand.

Im Jahr 1814 musste Napoleon abdanken und Marie Louise floh mit ihrem Sohn Napoleon Franz, in Frankreich „L'Aiglon" (der kleine Adler) genannt, zurück nach Wien. Die beiden zogen im Schloss Schönbrunn ein, wo der Bursche im Alter von nur 21 Jahren im Napoleonzimmer, in dem sein Vater während seiner Besetzungen der österreichischen Hauptstadt genächtigt hatte, nach einer Tuberkulose-Erkrankung sein junges Leben lassen musste. Sein Vater, der französische Diktator, verstarb 1821 auf der im Südatlantik befindlichen Insel St. Helena, wohin er sieben Jahre zuvor verbannt worden war.

Doch er besucht Wien und Schloss Schönbrunn, wo er die österreichischen Truppen und anschließend den mächtigen Monarchen Franz II./I. in die Knie zwang, offenbar recht häufig – woher er dann auch immer kommen mag.

Feststellung von Prof. Gerhard Kunze (R. I. P.)

Das Portal, durch das der Franzosenkaiser unsere Welt betritt, befindet sich beim Neptunbrunn, auf dem wichtigsten und stärksten Energiepunkt der ehemaligen habsburgischen Sommerresidenz. So soll Napoleon Bonaparte hinter den dramatisch emporragenden Figuren hervortreten und anschließend über das Wasser gehen, als handle es sich um einen stabilen Untergrund. Im Hinwegschreiten würde die Gestalt spurlos verschwinden, sich in Luft auflösen, als hätte es sie nie gegeben.

Handelt es sich bei diesem paranormalen Phänomen um den Geist des Franzosenkaisers, also um einen Seelenrest seiner tatsächlichen Existenz? Oder haben wir es hier mit der realen Person Napoleon zu tun, die aus einem der zahlreichen Multiversen stammt, in dem die Zeit – anders als auf der Erde – nicht linear verläuft?

Die Untersuchung eines anerkannten Mediums hat ergeben, dass es sich bei der Erscheinung beim Neptunbrunnen nicht um Spuk handeln kann, da das Wesen auf eine Frage nach seinem Tod verständnislos reagiert. Der Franzosenkaiser behauptet vielmehr, dass er in der Welt, die er durch das Portal betritt, einen Termin wahrnehme und es eilig hätte. Es ist bisher noch nie gelungen, mehr von ihm zu erfahren.

Das „andere" Kind auf der Schaukel

Maria Enzersdorf/NÖ, Österreich

Erzählung von A. S.

Ich lebte bis zu meinem 31. Lebensjahr in der Südstadt, bei der es sich um einen Teil der Gemeinde Maria Enzersdorf handelt, die sich etwa 14 Kilometer südlich von Wien befindet.

Als ich noch ein Kind war, hielt ich mich häufig bei meiner Oma auf, deren Wohnung nur ca. 500 Meter von meinem Elternhaus entfernt lag. Wir standen uns sehr nahe und sahen uns oft. Ab meinem sechsten Lebensjahr durfte ich sie auch allein besuchen gehen, da auf dem Weg nur eine einzige Straße überquert werden musste.

Wir hatten in jener Zeit immer dasselbe „Ritual": Sobald ich bei ihr durch die Tür kam, fragte sie mich, ob ich etwas essen wolle; und das war eigentlich immer der Fall. Meist gab es eine Semmel, die meine Oma halbierte, mit Butter bestrich und auf beiden Seiten mit fünf Scheiben Extrawurst belegte. Diese Jause bekam ich dann mit einem Glas Mineralwasser serviert, während ich im Wohnzimmer vor dem Fernseher saß und eine meiner Lieblingssendungen anschaute.

Eines Tages, ich muss etwa sechs oder sieben Jahre alt gewesen sein, saß ich wie immer vor dem TV-Gerät, mit der Wurstsemmel in der einen und dem Getränk in der anderen Hand. Das Programm war an diesem Tag wenig spannend und ich langweilte mich fast zu Tode. Ich begann Tagträumen nachzuhängen und durchlebte eine Fantasie nach der anderen. Plötzlich fragte ich mich, was geschähe, wenn ich die Augen schließen und mich aus dem Wohnzimmer meiner Großmutter wegdenken würde. Könnte ich dabei tatsächlich den Raum verlassen und an einen anderen Ort reisen, wenn ich es mir nur stark genug wünschte und mir vorstellte, dass es wirklich passierte? Und dann tat ich es einfach: Ich kniff meine Lider ganz fest zusammen, visualisierte die Schaukel hinter meinem Elternhaus und bildete mir ein, darauf zu sitzen und in gleichmäßigem Tempo hin und her zu schwingen. Vor, zurück, vor, zurück, vor, zurück …

Als mir nur wenige Augenblicke später der Geruch von saftigem Gras in die Nase stieg und ein warmer Lufthauch über meine Wange strich, öffnete ich die Augen und blickte mich erstaunt um: Ich befand mich in unserem Garten und saß tatsächlich auf dem Brett, das mein Vater erst wenige Tage zuvor an Seilen befestigt und anschließend auf dem dicksten Ast unseres Nussbaums aufgehängt hatte.

Aber passierte das wirklich? Und wenn ja, wie mochte das geschehen sein?

In dem Moment schaute meine Mutter aus dem Fenster und blickte mir ohne große Verwunderung direkt ins Gesicht. Dann winkte sie mir lachend zu und mir fiel in dem Moment nichts anderes ein, als zurückzuwinken. Anschließend blieb ich einfach auf der Schaukel sitzen, überlegte hin und her, schwang vor und zurück, vor, zurück, vor, zurück … im selben Rhythmus wie wenige Minuten zuvor in meinen Gedanken in einem Haus, das sich etwa einen halben Kilometer entfernt befand – bis ich von meiner Mutter zum Abendessen gerufen wurde.

Erstaunlicherweise fragte Oma nie nach, wohin ich so plötzlich verschwunden war, ohne mich zu verabschieden und meine Wurstsemmel mitzunehmen. Auch meine Eltern wollten nicht wissen, warum ich meinen Besuch bei Oma abgekürzt hatte. Niemand zeigte sich auch nur ansatzweise erstaunt über dieses Ereignis.

Der Vorfall selbst und die nicht eingetretenen Reaktionen meiner Verwandten bringen mich zu dem Schluss, dass ich zwischen zwei Dimensionen hin und her gesprungen bin, in denen es unterschiedliche Zeitabläufe gibt. Da ich mich bisher allerdings kein zweites Mal mit reiner Gedankenkraft von einem Ort zu einem anderen bewegen konnte, befinde ich mich nun hier offenbar in einer Parallelwelt und nicht dort, wo ich eigentlich zu Hause wäre.

Ich weiß ganz sicher, dass es sich bei diesem Erlebnis um keinen Traum handelte. Und ich bilde mir das auch nicht ein.

Über die Jahre hinweg habe ich immer wieder darüber nachgedacht, ob es eine „logische“ Erklärung für diesen – auch für mich damals – merkwürdigen Vorfall gibt. Mittlerweile bin ich 55 Jahre alt und konnte bis heute keine finden.

Ein ehrenwerter Gentleman und Wiedergänger

Mitteleuropa

Bericht von Gabriele Hasmann

Der Graf von Saint Germain, von dem man bis heute nicht weiß, wie sein richtiger Name lautete, von wem er abstammte, wann er geboren wurde und wann er starb, gilt als eine der rätselhaftesten Persönlichkeiten der Geschichte, um den sich zeit seines Lebens und auch danach zahllose Legenden rankten.

Teile seiner Vita hat er mit Sicherheit selbst erfunden, sodass keine der Angaben, die sich in seinem Lebenslauf befinden, stimmen muss. Er wurde irgendwann zwischen 1696 und 1710 angeblich als Sohn des transsylvanischen Fürsten Ferenc II. Rákóczi als Leopold Georg während einer Sonnenfinsternis geboren. Sein Vater plante einen Aufstand gegen die Habsburger und wollte zuvor seinen Sohn in Sicherheit bringen. Im Zuge dieses Unterfangens ließ er 1700 eine falsche Todesurkunde für den Knaben ausstellen und schickte ihn nach Florenz an den Hof des letzten Großherzogs, Gian Gastone de' Medici, wo man ihn gemeinsam mit dem Infanten Carlos von Spanien großzog. An der Hand eines wortkargen Begleiters sei er durch die finsteren Wälder Transsilvaniens geirrt, so beliebte der Abenteurer später zu schildern, mit einem Medaillon um sein Handgelenk, das die einzige Erinnerung an seine Eltern darstellte. Zuvor hatte er bei seiner Firmung den Namen San Germano (ital. für „heiliger Bruder") angenommen, der später auf Vorschlag seines Ziehvaters in Saint Germain (nach dem alten Château Saint Germain-en-Laye bei Paris) geändert wurde.

Der selbst ernannte Graf hielt sich im Laufe seines Lebens in zahlreichen Ländern in ganz Mitteleuropa auf, bezeichnete sich als Gaukler, Wunderdoktor, Okkultist, Alchemist und Wahrsager, war darüber hinaus als umtriebiger Abenteurer und galanter Gentleman bekannt.

Er behauptete von sich, schon ewig zu leben, berichtete von Gesprächen mit Moses, Krösus, Perikles, Alexander dem Großen,

Pontius Pilatus, Julius Cäsar, Christoph Kolumbus und vielen mehr. Saint Germain verstand es meisterhaft, Erlebnisse aus längst vergangenen Epochen so lebhaft und charmant zu schildern, als wäre er tatsächlich selbst dabei gewesen. Zeitzeugen zufolge hat er während seiner plastischen Schilderungen weder gegessen noch getrunken, womit er arkanes Wissen von der menschlichen Physis suggerierte, damit noch glaubwürdiger wirkte und mehr Spekulationen zu seiner Existenz Raum bot. So gelang es dem Grafen ohne viel Mühe, die Menschen in seinem Umfeld zu täuschen und von sich einzunehmen, was ihm überall zum Eintritt in die höchsten Adelskreise verhalf. Dort pflegte er dann auf die Suche nach Sponsoren zu gehen, die ihm sein aufwendiges Leben und seine teuren Hobbys wie die Alchemie finanzierten.

Als Erster berichtete Earl Horace Walpole, ein adeliger Politiker und Schriftsteller aus Großbritannien, im Dezember 1745 über den Grafen von Saint Germain. In Briefen aus London an seinen Freund Horace Mann schrieb er (sinngemäß aus dem Englischen übersetzt): „Ich lernte auch den Grafen St. Germain kennen, der sich schon seit zwei Jahren hier aufhält. Er will nicht verraten, wer er ist, aber ich bin sicher, St. Germain ist nicht sein richtiger Name. Der junge Mann singt zwar ganz gut und spielt wundervoll Violine, ist aber ziemlich verrückt und nicht gerade einfühlsam. Vermutlich hat er sich irgendwo in Mexiko erfolgreich verheiratet und ist mit den Juwelen seiner Frau geflüchtet. Jedenfalls weiß niemand etwas Genaues über ihn, nicht einmal der Prinz von Wales, der bereits unbändig neugierig auf diese kuriose Persönlichkeit ist. Was mich davon überzeugt hat, dass er kein nobler Gentleman sein kann, war seine Aussage, dass man ihn unter anderem als Spion angeheuert habe."

Im Jahr 1745 erfolgten bei Übergriffen auf die Katholiken in London zahlreiche Verhaftungen. Auch St. Germain, den die Exekutive aufgrund seines Namens für einen papistischen Ausländer hielt, landete für kurze Zeit im Gefängnis. Danach reiste er im Jahr 1746 nach Wien, wo er während einer noblen Abendgesellschaft behauptete, 100 Jahre zuvor schon einmal in der österreichischen Hauptstadt gewesen zu sein. Er wurde daraufhin als menschliche Kuriosität in den höheren Kreisen Wiens herumgereicht und lernte dabei den französischen Kriegsminister Charles de Belle-Isle kennen, den er nicht nur mit seinem breit gefächerten Wissen und seiner Belesenheit in Erstaunen versetzte, sondern auch von einem lästigen gesundheitlichen Problem befreite. Der Marschall war daraufhin derart beeindruckt, dass er seine neue Bekanntschaft nach Paris einlud.

Zuvor erhielt Saint Germain 1747 angeblich von Maria Theresia den Geheimauftrag, Friedensgespräche mit dem Herzog von Cumberland auf dem Kriegsschauplatz in Flandern zu führen. Ein Jahr später wurde der Friede zu Aachen geschlossen. Als Dank für seine Dienste schenkte ihm die Kaiserin ihr Porträt und einen kostbaren Ring, verlieh ihm einen Orden und belehnte ihn mit dem Titel eines Reichsgrafen von Mailand. 1748 verließ Saint Germain Wien und seine Spur verlor sich vorübergehend.

In Paris traf er in der Zeit von 1756 bis 1760 bei einem gemeinsamen Essen im Hause der reichen, extravaganten Alchemistin Madame d'Urfé unter anderen auch auf Giacomo Casanova, der ihn nach einigen Recherchen für einen italienischen Geigenspieler namens Catalani hielt.

Zu Beginn des Jahres 1757 soll er Kaiserin Elisabeth von Russland über deren Haus-und-Hof-Medium die hellsichtige Nachricht zukommen haben lassen, dass sie in der Schlacht bei Groß-Jägersdorf gegen die Preußen unter König Friedrich II. siegreich sein würde – was sich Monate später als richtig herausstellte.

Wenig später wurde Madame Pompadour, die Mätresse des französischen Königs Ludwig XV., auf den Mann mit der dubiosen Herkunft und dem Methusalem-Komplex aufmerksam. Sie zeigte sich beeindruckt von den Geschichten aus längst vergangenen Zeiten, die der charmante Abenteurer auf Italienisch, Deutsch, Spanisch, Portugiesisch, Französisch und Englisch vortragen konnte. Er gefiel außerdem, weil er als Künstler so „bezaubernd auf dem Klavier präludierte und seinen Ölgemälden glänzende, fast lebendige Farben verlieh und die Geschmeide darauf wie echt glitzerten".

Als er auch noch eine junge Freundin von Madame Pompadour ins Leben zurückholte, die kurz zuvor an einer Pilzvergiftung gestorben war – so die Legende –, wurde er Seiner Majestät vorgestellt. Ludwig XV. ließ dem „Wundermann" flugs ein Alchemielabor in seinem prächtigen Schloss Chambord an der Loire einrichten. Dort entwickelte er unter anderem das Wundermittel „Aqua benedetta", das bei Damen angeblich den Alterungsprozess stoppte und dem Welken ihrer Reize entgegenwirkte, weshalb ihm die Frauenwelt umso mehr zu Füßen lag. Darüber hinaus stand der „Gesundheitsverlängerer", wie er ebenfalls häufig genannt wurde, den adeligen Französinnen mit diversen Schönheitstipps zur Seite. Er empfahl außerdem abführende Mittel, die zu mehr Wohlbefinden und Vitalität beitragen sollten – ein geschickter Schachzug, wenn man bedenkt, wie genusssüchtig und daher häufig verstopft die Herrschaften damals waren.

Einer seiner weiblichen Fans sagte einst: „Es ist nicht möglich, dass dieser berühmte Mann weniger als zweihundert Jahre zählt und dass er nicht von einer Geburt ist, die über alle gekrönten Häupter erhaben ist."

Aufgrund eines Missverständnisses während eines Undercover-Einsatzes für Ludwig XV., bei dem er in den Verdacht der Spionage geriet, musste er 1760 aus Frankreich fliehen und hielt sich in der Folge als Graf Welldone vorwiegend in den Niederlanden und Deutschland auf.

Zwischendurch befand er sich Gerüchten zufolge auch in Russland, wo er eine tragende Rolle bei der Palastrevolution gespielt hat und sogar in die Ermordung Zar Peters III., die Katharina II. den Weg auf den Thron ebnete, verwickelt gewesen sein soll. Danach bereiste er Italien, kehrte jedoch spätestens im Jahr 1763 in die Niederlande zurück. Dort erwarb er unter dem Namen Surmont ein Landgut nahe dem Städtchen Nijmegen, richtete sich ein Laboratorium ein und gründete eine Textilmanufaktur. Einer seiner Sponsoren war Philipp Graf von Cobenzl (nach dem der Reisenberg in Wien Döbling umgangssprachlich benannt ist), ein enger Vertrauter des österreichischen Kaiserhauses und angesehener Staatsmann.

Auf seine Empfehlung hin schickte Saint Germain Farb- und Textilproben an Maria Theresia, doch deren Minister Fürst Wenzel Anton von Kaunitz kritisierte diese als minderwertig, ohne jede Leuchtkraft und Novität. Der daraufhin beleidigte Graf erklärte, er hätte sowieso nicht nach Wien reisen wollen, um an der Hofburg vorzusprechen, was ab 1765 ohnehin nicht mehr möglich gewesen wäre – Joseph II. soll, als er in jenem Jahr zum Mitregenten seiner Mutter ernannt wurde, dem „Scharlatan“ nämlich verboten haben, in der Residenzstadt zu erscheinen „und seine Schwindeleien einzuführen“. Dennoch sprach man auf den Straßen Wiens von dem „Zauberkünstler“, dessen Ruf längst europaweit bekannt war.

Saint Germain packte daraufhin seine Koffer und verschwand aus den Niederlanden. Danach verlor sich seine Spur, bis er 1774 unter dem Namen Tsarogy in Deutschland wieder auftauchte und sich auf Schloss Triesdorf niederließ, wo er dank seines neuen Gönners Markgraf Karl Alexander von Brandenburg-Ansbach wieder mit Farbstoffen zu experimentieren beginnen konnte.

1778 freundete sich Saint Germain mit dem Statthalter des dänischen Königs in Schleswig, Landgraf Karl von Hessen-Kassel, an, der ihm im Freimaurerturm seines Sommerschlosses in Louisenlund ein Alchemielabor einrichtete. In dieser Zeit erfand der Graf ein gelbes Metall, genannt Similor (simil or = goldähnlich), auch als Karlsmetall bekannt. Darüber hinaus wandte er beim Malen von Bildern eine neuartige Farbmisch-Technik an, mit der er sich die Bewunderung anderer Künstler sicherte. Die beiden Männer gründeten darüber hinaus in einer alten, leer stehenden Fabrik eine Seidenfärberei, die sich in Eckernförde befand. In diesem Städtchen verstarb der Graf von Saint Germain, aufgrund seines Aufenthalts in den feuchten Arbeitsräumen bereits vom Rheuma geplagt, schließlich im Februar 1784 „am Schlagflusse“. So heißt es zumindest.

Denn der Abenteurer mit der mysteriösen Aura und dem rätselhaften Auftreten galt als Wiedergänger, als der er sich sein ganzes Leben lang inszenierte. Es handelt sich dabei um Menschen, die ewig leben, durch Zeit und Raum reisen und zwischen verschiedenen Welten switchen. Manche verhalten sich dabei unauffällig, um nicht als seltsames Phänomen wahrgenommen zu werden, andere, zu denen auch der Graf von St. Germain zählt, prahlen damit und verstecken sich auch nicht, weshalb sie immer wieder auf bildhaften Zeitdokumenten wie Gemälden oder Fotos auftauchen. Eine andere Erklärung für die Figur des Wiedergängers wäre die des „lebenden Toten“ – also eine Spukerscheinung, die als reale Personen wahrgenommen wird.

Quelle: „Prominente Geister: Wo berühmte Persönlichkeiten in Österreich spuken" von Gabriele Hasmann (Verlag Ueberreuter, Wien 2017)

Im Hinblick auf den Grafen von Saint Germain existieren mehrere Hinweise und verschiedenste Zeitdokumente, die seine Angaben zu untermauern scheinen:

Der Graf wurde im Jahr 1784 in Eckernförde in der Kirche St. Nicolai bestattet, die Kosten dafür übernahm Karl von Hessen-Kassel, der als Gegenleistung die schriftlichen Hinterlassenschaften seines Alchemisten erhielt und diese vernichtete. Der Grabstein des Abenteurers fiel später einer Sturmflut zum Opfer – für alle Verschwörungstheoretiker ein weiterer „Beweis", dass ein Scheinbegräbnis stattgefunden hatte und der Mann nie verstarb.

1785 wurde der im Jahr 1784 verblichene Abenteurer auf Freimaurerkongressen in Wilhelmsbad und Paris gesehen. Etwa zur selben Zeit soll er Marie Antoinette vor den Folgen der Französischen Revolution gewarnt haben. In ihren Tagebüchern las man später, dass sie es bereute, nicht auf „den Hellseher Saint Germain" gehört zu haben.

1789 besuchte der Wiedergänger seine liebe Freundin Mademoiselle d'Adhémar, wie sie selbst erzählte. Er sagte ihr, sie würden einander noch fünf Mal vor ihrem Ableben treffen, und hielt sein Versprechen. Zuletzt sah sie ihn am Abend vor der Ermordung von Charles Ferdinand d'Artois, dem Duc de Berry, im Jahr 1820 in der Pariser Oper.

In den schriftlichen Aufzeichnungen des Theaterdirektors Christoph Friedrich Dörr ist zu lesen, dass sich Karl von Hessen-Kassel in Begleitung des Grafen G. eine Aufführung von Wolfgang Amadeus Mozarts Oper „Die Zauberflöte" im Garten von Louisenlund angesehen habe. Im Umfeld des Landgrafen gab es aber keinen Grafen G. – außer eben den 1784 verstorbenen Saint Germain. „Die Zauberflöte" kam allerdings erst im Jahr 1791 auf die Bühne.

1836 erwies Saint Germain seinem Freund und Gönner, Karl von Hessen-Kassel, laut Augenzeugen bei dessen Begräbnis in der Schleswiger Domkirche die letzte Ehre.

Mitte des 19. Jahrhunderts ließ Napoleon III., ein Neffe von Napoleon I. Bonaparte, ein umfangreiches Dossier über den Grafen – den er kürzlich selbst kennengelernt hatte, wie er sagte – erstellen, das allerdings 1871 bei einem Brand im Pariser Rathaus vernichtet wurde.

Aus dem Jahr 1897 existiert eine Autogrammkarte der berühmten französischen Sängerin Emma Calvé, die sie für den Wiedergänger signierte – sinngemäß übersetzt lautet die Widmung: „Für Saint Germain, den großen Chiromanten, der mir viele Wahrheiten gesagt hat."

Zuletzt behauptete 1972 der etwa 25-jährige Pariser Maler und Sänger Richard Chanfray, der Graf von Saint Germain zu sein und verwandelte im französischen Fernsehen vor laufender Kamera auf einem kleinen Campingkocher eine kleine Menge Blei in Gold – danach verschwand er von der Bildfläche und beging 1983 nahe von Saint Tropez Selbstmord.

Aber auch schon vor der Zeit seines am besten dokumentierten Wirkens im 18. Jahrhundert tauchte der Abenteurer in der Geschichte auf. So hat beispielsweise ein Landsknecht im Jahr 1618 seine Gedanken zur Begegnung mit einem gewissen Montsalveri in seinem Tagebuch notiert. Der Mann begegnete ihm im Wirtshaus und sagte von sich, er sei ein Showman und Televisionär – Worte, die es im 17. Jahrhundert noch gar nicht gab. Darüber hinaus hat dieser „Zauberer" mit einem „Spänlein" auf Pergament geschrieben, ohne dieses zuvor in Tinte getaucht zu haben (man nimmt an, es handelte sich um eine moderne Füllfeder).

Auffallend an Saint Germain waren auch diverse außergewöhnliche Fähigkeiten. So verfügte er laut historischen Aufzeichnungen beispielsweise über ein fast übermenschliches Gedächtnis! Er soll mehrmals vor Publikum demonstriert haben, dass er eine Zeitung einmal durchlas und danach jede Seite Wort für Wort wiedergeben konnte. In diesem Zusammenhang erzählte der Graf selbst gern die Geschichte, wie er im Jahr 1574 in Krakau am Hof des französischen (und polnischen) Königs Heinrich III. alle Anwesenden verblüffte, als er sich die Reihenfolge von 3200 Spielkarten merkte.

Im Volksglauben werden mit dem Wort „Wiedergänger" auch andere fantastische und paranormale Phänomene bezeichnet, so etwa alle Arten von Untoten, aber auch der mythologische Werwolf oder der sagenhafte kopflose Reiter.

Ich selbst kannte eine Wiedergängerin; es handelt sich dabei um eine etwa 50-jährige Dame, die über mehrere Jahrzehnte hinweg nachts durch meine Heimatstadt Baden streifte und nie alterte. Betagtere Herrschaften, mit denen ich ins Gespräch kam, wussten bereits seit ihrer Jugend von der Frau und ihrer „abnormen Existenz". Die betreffende Person unterhielt sich nie mit anderen Leuten, redete sie aber hin und wieder kurz an, wobei sie ihnen Dinge sagte, die später eintrafen. Seltener erwähnte sie auch Tatsachen aus dem Privatleben ihres Gegenübers, die sie nicht wissen konnte. Zu mir hat sie allerdings nie etwas gesagt – leider! Da ich mittlerweile so gut wir gar nicht mehr nachts unterwegs bin, sehe ich die vermeintliche Wiedergängerin auch nicht mehr. Aber ich bin sicher, sie ist noch unterwegs!

Der falsche Ehemann

Wien, Österreich

Bericht von Ursula Blaim

Meine mittlerweile verstorbene Oma Herta Babisch war viele Jahre halbtags bis 14 Uhr bei der Firma Philips in Hernals tätig. Sie machte während ihres Dienstes immer zwischen 9 und 10 Uhr eine kurze Pause. Mit einem Butterbrot und einem Glas Wasser in der Hand stellte sie sich dabei an ein Fenster in dem langen Flur, an dessen Ende sich ihr Arbeitsbereich befand, und schaute auf die Gasse hinunter. Sie beobachtete beim Essen gern die Lieferanten, die von einem Laden zum nächsten eilten und ihre Ware verteilten, die jungen Damen, die über das Kopfsteinpflaster stöckelten und sich anschließend auf einen Kaffee in die Konditorei am Eck setzten, die Herren in schwarzen Anzügen und Lackschuhen, die zu einem geschäftlichen Treffen unterwegs waren, sowie in der Ferienzeit auch die Kinder, die in der Häuserschlucht Nachlaufen oder Ball spielten. Ebenso interessant, wenn auch traurig, fand meine Oma es, den Stadtstreichern bei ihrer Suche nach noch nicht vollständig verdorbenen Lebensmitteln und nützlichen Dingen im Hausmüll zuzusehen.

Üblicherweise wurde sie nach der Arbeit von meinem mittlerweile ebenfalls verstorbenen Opa Otto abgeholt, der meistens von frühmorgens bis mittags Schicht und anschließend bereits frei hatte. Doch an dem Tag, an dem sich diese Begebenheit zutrug, schien plötzlich alles anders zu sein, obwohl es vorerst nicht den Anschein erweckte.

Als meine Großmutter gegen 9 Uhr 30 im Flur stand und ihre Jause aß, sah sie plötzlich meinen Opa an der Kreuzung stehen. Bekleidet mit seinem langen, dunklen Mantel und dem schwarzen Hut stand er da wie immer, die Arme ineinander verschränkt, den Blick geradeaus Richtung Firma gerichtet, wartend, dass seine Ehefrau das Gebäude verließ.

Oma erstarrte, als sie ihn erblickte, denn sie konnte sich nicht erklären, warum ihr Gatte viel zu früh erschienen war, um sie abzuholen. Sie riss das Fenster auf, winkte ihm hektisch zu und rief seinen Namen, aber der Mann reagierte nicht. Allmählich bekam sie es mit der Angst zu tun, befürchtete sie doch, dass in der Familie etwas passiert sei und Otto deshalb geistesabwesend ihre Versuche, auf sich aufmerksam zu machen, nicht bemerkte. Da er sie vielleicht nicht während ihrer Arbeitszeit stören wollte, hoffte er vermutlich einfach, sie würde ihn sehen und zu ihm hinunterkommen, damit er ihr den Grund seines verfrühten Auftauchens erklären konnte.

Durch die Situation gestresst, weil ihre Pause wenige Minuten später zu Ende ging, und aus Sorge um ihre Lieben hetzte sie aufgeregt durch das Treppenhaus des Gebäudes hinunter auf die Gasse und lief auf die Kreuzung zu, wo ihr Ehemann kurz zuvor gestanden war. Doch Otto war verschwunden! Großmutter drehte sich verwundert im Kreis, suchte mit den Augen die gesamte Straße einmal auf der rechten, einmal auf der linken Seite ab, konnte ihren Ehemann aber nicht erblicken. Kopfschüttelnd ging sie wieder zurück in die Firma und stellte sich ans Fließband. Sie konnte sich nicht erklären, wo die Person, die ihrem Gemahl bis aufs Haar glich, geblieben war. Handys gab es damals noch nicht, somit musste sie sich wohl oder übel damit begnügen, bis Dienstschluss zu warten, um zu erfahren, was es mit dem Aufenthalt an der Kreuzung auf sich gehabt und ob es sich bei der mysteriösen Erscheinung wie vermutet um ihren Gatten gehandelt hatte.

Als Oma wie gewohnt um 14 Uhr ihren Dienst beendete, die Firma verließ und auf die Gasse trat, erwartete sie der gewohnte Anblick: mein Opa im dunklen Mantel, seinen schwarzen Hut auf dem Kopf, die Arme vorne ineinander verschränkt, seiner Ehefrau erwartungsvoll entgegenblickend.

Meine Großmutter lief zu ihm hin und fragte sofort atemlos, warum er schon gegen 9 Uhr 30 auf sie gewartet hätte und warum er nicht auf die Idee gekommen sei, zur ihr in die Arbeit zu kommen und sie ausrufen zu lassen. Sie ließ ihn anschließend gar nicht zu Wort kommen und fragte sofort weiter nach: „Was ist denn los? Geht es allen gut?“

Mein Großvater stand fassungslos da und wusste nicht, wie er reagieren und was er auf die auf ihn einprasselnden Fragen seiner

Gemahlin antworten sollte. Endlich fand er in einer von Hertas Gesprächspausen seine Sprache wieder und versicherte: „Ich habe mich bis 13 Uhr im Betrieb aufgehalten, wie jeden Tag. Ich weiß nicht, wen du da gemeint hast zu sehen, aber ich kann es nicht gewesen sein. Hast du dir einen Schnaps zur Jause genehmigt, Schätzchen?"

Meine Oma fand das gar nicht witzig und versuchte verzweifelt zu verstehen, was an jenem Vormittag passiert war und wen sie tatsächlich gesehen hatte, kam aber zu keinem Ergebnis.

Vergessen konnte sie diesen Vorfall allerdings nie und sie erzählte ihren Enkelkindern bei jeder sich bietenden Gelegenheit davon.

Wurde meiner Großmutter für einen kurzen Moment ein Blick in eine andere Dimension gestattet, in der die Uhren anders tickten? Oder hatte sich der Doppelgänger meines Großvaters aus einer Parallelwelt in unsere Dimension verirrt?

Ich frage mich, ob dieser Mann, der meinem Opa zum Verwechseln ähnlich sah, vielleicht noch existiert – irgendwo im Multiversum. Möglicherweise wartet er gerade jetzt vor dem Unternehmenssitz der Firma Philips in Wien Hernals auf meine Großmutter und freut sich, sie nach einem langen Arbeitstag in die Arme schließen zu dürfen.

Miniversum im Wald

Baden/NÖ, Österreich

Bericht von Gabriele Hasmann

Bei Feentoren handelt es sich um unauffällige und gut verborgene sogenannte „dunkle Pforten" in die Anderswelt. Häufig sind diese nur für eine kurze oder bestimmte Zeit offen und schließen sich dann für immer. Die meisten davon befinden sich neben Fließgewässern, auf Blumenwiesen und im Wald, angezeigt werden sie durch Pflanzen wie Malven und Almrausch, die bevorzugt in der Nähe dieser Portale wachsen. Werden sie von Menschen durchschritten, betreten diese über Feenpfade den Lebensraum der Naturwesen, die sie mit offenen Armen in Empfang nehmen. Es heißt allerdings auch, dass man danach unter Umständen für immer bei den Feen, Wichteln und Elfen verweilen muss oder deren Reich an einem ganz anderen Punkt im Multiversum verlässt und nie wieder in seine Welt zurückkehren kann.

Besonders viele dieser Feentore gibt es angeblich auf den Zyklopeninseln, die im Ionischen Meer vor der Ostküste Siziliens liegen. Die Bezeichnung dieser Landmasse, die aus vier Eilanden und einigen Felsen besteht, bezieht sich auf eine Geschichte der griechischen Mythologie: Der Zyklop Polyphem nahm den Helden Odysseus und zwölf seiner Gefährten gefangen, um sich von ihrem Fleisch zu ernähren. Diesen gelang es jedoch, den Riesen durch ein listiges Wortspiel zu täuschen und in der Folge zu blenden, wodurch einige Männer fliehen konnten. Polyphem schleuderte ihnen Felsbrocken nach, die nahe der Küste ins Wasser fielen. So entstanden der Sage nach die Zyklopeninseln. Tatsächlich bildeten sie sich vor etwa 500 000 Jahren nach dem Ausbruch eines Vulkans auf dem Festland aus basaltischer Lava, die in den Ozean strömte. Die „dunklen Pforten" befinden sich dort laut „Naturwesen-Experten" vorwiegend auf den Eilanden Hylaïlos (im Königstann) und Phenos.

Doch nicht nur in Italien, sondern auch an vielen anderen Stellen der Erde verstecken sich diese Portale ins Reich der Naturwesen. In Österreich beispielsweise soll es eines davon im Helenental geben, das am Rande der Stadt Baden liegt, rund 30 Kilometer von Wien entfernt. Es befindet sich angeblich am linken Ufer der Schwechat in Höhe des Urtelsteins, bei dem es sich um den Rest eines im Jahr 1826 durch 15 000 von Kaiser Franz II./I. in Auftrag gegebene Sprengschüsse entstandenen Tunnels handelt. An diesem Ort sind in früheren Zeiten zahlreiche Menschen ums Leben gekommen; jedoch nicht, weil der „Urteil-Stein" eine Hinrichtungsstätte darstellte, wie man immer wieder hört. Vielmehr handelte es sich um einen Übergabeort verurteilter Straftäter an den Badener Stadtrichter. In der Zeit vor der Sprengung für den Verkehr mussten Reiter und Kutschen die steile Straße über das felsige Ungetüm überwinden, was vor allem im Winter häufig zu Abstürzen führte. Ein an der Stelle befindlicher Strudel in der Schwechat zog verunglückte Menschen in Sekundenschnelle in die Tiefe.

Eine weitere alte Geschichte besagt, dass im Helenental einst Hexen hausten, worauf Spuren an einigen Felswänden hindeuten, unter anderem auch am Urtelstein.

Die Existenz von Feen im Helenental nahe dem heutigen Tunnel wurde von einigen Personen bestätigt, die nach eigener Aussage Kontakt zu Naturwesen herstellen können. Es sollen „libellenflügelzarte feinstoffliche Schwingungen" spürbar sein, die sich durch eine hohe energetische Qualität des Waldareals bemerkbar machen würden.

Eine Naturwesen-Expertin, die namentlich nicht erwähnt werden möchte, hat unsere Erlebniszeugin im Herbst 2019 zu diesem Portal in die Anderswelt geführt, das an jenem Tag, zu jener Stunde einige Minuten lang offen sein sollte – so zumindest lautete die Information einer Fee, die Frau Sylvia (Pseudonym) als telepathische Nachricht übermittelt wurde.

Erzählung von M. R.

Ich verfüge über keinerlei Erfahrung mit Naturwesen oder anderen unerklärlichen Phänomenen und habe diesem Experiment völlig unvoreingenommen und mit neutraler Meinung zu dem

Thema zugestimmt, um danach einen objektiven Bericht liefern zu können.

Schon auf dem Weg zu einer dieser sogenannten „dunklen Pforten" konnte ich in der Atmosphäre eine Art „Verdichtung der Energie" feststellen, obwohl ich nicht wusste, wo genau sich diese befand. Instinktiv wünschte ich mir einfach an einem bestimmten Punkt, dass die Schwingungen nicht stärker werden sollten, da eine Erhöhung der Frequenz und Steigerung der Intensität ab diesem Zeitpunkt unangenehm geworden wäre. Ich verspürte einen dumpfen Druck auf der Brust, das Atmen fiel mir schwer – obwohl wir uns inmitten der idyllischsten Grünoase im Raum Baden befanden – und mein Kopf schien in den unsichtbaren Zwingen eines Schraubstocks zu stecken.

Lächelnd deutete Frau Sylvia kurz darauf auf eine Stelle zwischen zwei Bäumen, die im ersten Moment völlig unspektakulär wirkte. Sie lobte mich für mein gutes Gespür, weil sich genau vor uns das Feentor befand, dessen Lage ich aufgrund meiner körperlichen Beschwerden intuitiv erahnt hatte. Ich dachte mir in diesem Moment nur, wenn diese Zustände mit der Existenz „dunkler Pforten" in Verbindung stehen, schaltete offenbar alles in mir auf Abwehr.

Es war mir dann auch fast nicht mehr möglich, weiterzugehen und mich dem Portal weiter zu nähern, da die Atembeschwerden immer heftiger wurden – das erste Mal in meinem Leben blieb mir sprichwörtlich die Luft weg. Ich machte noch einen letzten kleinen Schritt auf die Bäume zu, bevor ich endgültig stehen blieb.

Und dann passierte Folgendes: Als Frau Sylvia neben mich trat, schoss vor ihr eine Laubfontäne in die Luft, die über ihrem Kopf zu explodieren schien und verwelkte Blätter über sie niederregnen ließ. Wir machten beide große Augen, denn dieses Phänomen trat nur an diesem einen Punkt auf, und das noch dazu bei völliger Windstille. „Wir dürfen nicht näher heran, sie haben uns gewarnt!", sagte die Naturwesen-Expertin und brachte wieder eine gewisse Distanz zwischen sich und die beiden Bäume, wobei sie mich mit sich zog. Mir ging es währenddessen zunehmend schlechter, diese starke Energie verursachte ein immer stärker werdendes Engegefühl in meiner Brust, weshalb ich darum bat, den Heimweg antreten zu dürfen.

Nachdem ich das letzte Wort ausgesprochen hatte, knackte es neben mir im Gebüsch, was meine Begleiterin mit einem „Sie sind einverstanden!“ kommentierte.

Als wir daraufhin umdrehten, um zurück zum Auto zu gehen, zog 20 Zentimeter von meinem Fuß entfernt etwas Unsichtbares eine tiefe Spur in das Erdreich. „Ein Kobold!“, meinte Frau Sylvia lapidar, als handle es sich dabei um nichts Besonderes. Ich war mittlerweile mit den Nerven fast am Ende, weil ich nicht erwartet hatte, dermaßen skurrile Dinge zu erleben.

Ich fragte die Expertin zum Abschluss, ob sie jemals ein Feentor passiert habe. Ihre Antwort lautete: „Nein, und das würde ich auch niemals tun. Es soll zwar wirklich schön sein auf der anderen Seite, im Reich der Naturwesen … aber man weiß nie, ob sie einen wieder freigeben. Und dieses Risiko werde ich bestimmt nicht freiwillig eingehen. Was ich aber mache: Ich sende telepathische Nachrichten, kündige meine Ankunft am Tor an und bitte sie, zu mir herauszukommen. Meistens klappt das auch. Manchmal muss ich ihnen anbieten, Honig oder Zucker mitzubringen, um sie herauszulocken – beides lieben sie sehr. Und wenn wir uns dann treffen, plaudern wir miteinander oder spielen zum Beispiel mit Tannenzapfen Fußball. Mit Zwergen ist das besonders lustig: Die jubeln immer, wenn ich ein Tor schieße – weil sie ja etwas bekommen, und das empfinden sie als Grund zur Freude. Ich kann es ihnen immer wieder erklären, sie verstehen es nicht besser. Manchmal klagen mir Baumgeister, Pflanzenelfen und Wassermädchen ihr Leid und bekunden ihr Unverständnis, was die Menschen und die von ihnen verursachte Verschmutzung der Natur betrifft. Aber meistens sind sie fröhlich und wir haben jede Menge Spaß miteinander.“

Ich fand die Schilderung von Frau Sylvia zwar mehr als skurril, bin mittlerweile aber dennoch sicher, dass Naturwesen wirklich existieren, denn für die Vorfälle im Helenental gibt es keine andere Erklärung.

In Wien gibt es angeblich ein Feentor zwischen den beiden morgenländischen Platanen am Hietzinger Platz, die eine Hofdame Maria Theresias 1732 aus Dankbarkeit dafür pflanzen ließ, dass der Hof von der Pest verschont geblieben war.

Gleich drei Pforten befinden sich auf dem „Toten Grund", einem Auwald-Relikt auf der Wiener Donauinsel, sowie eines unter dem Judasbaum im zweiten Hof des Alten AKH.

Weitere „dunkle Pforten" sind über das ganze Land und die ganze Erde verstreut.

Das Dorf aus einer anderen Welt

Nahe Sedalia/Missouri, USA

Bericht von Ursula Blaim

Im Jahr 1985 befand sich eine Familie, bestehend aus den Eltern und zwei Kindern, in den USA auf dem Weg nach Missouri, um dort Urlaub zu machen. Im Fahrzeug herrschte eine vorfreudige, ausgelassene Stimmung. Die Insassen genossen die schöne Landschaft, die an den Autofenstern vorbeizog, plauderten miteinander oder spielten „Ich seh, ich seh, was du nicht siehst". Sie hatten nicht sehr weit zu fahren und nahmen sich ausreichend Zeit, um mehrere Pausen einzulegen. Dabei stiegen sie aus dem Wagen, blickten in die Ferne und aßen eine Kleinigkeit. Auch abends machten sie noch einmal halt, beobachteten nahe dem Ort Sedalia in Pettis County den orangefarbenen Sonnenuntergang und sahen dabei zufällig in das weitläufige grüne Tal, das sich an den Fuß eines hohen Felsens schmiegte. Sie entdeckten darin ein paar einfache Holzhütten und beschlossen kurzerhand, sich die interessant wirkende Siedlung aus der Nähe anzusehen. Da sich ihre Unterkunft bereits ganz in der Nähe befand, drängte sie nichts zur Eile.

So fuhr die Familie von der Anhöhe die Serpentine entlang talwärts bis zu dem Ort mit den kleinen Häusern. Dort angekommen, verließen die Erwachsenen zuerst einmal allein das Auto, weil ihnen die Szenerie plötzlich doch ein wenig seltsam vorkam. Nach einigen Minuten des Zögerns und Beratschlagens kamen sie zu dem Ergebnis, dass von den Menschen in der Siedlung keine Gefahr ausging. Sie holten ihre beiden Söhne aus dem Wagen und sahen sich neugierig um. Die Leute, die sich auf den breiten Wegen tummelten, waren altertümlich gekleidet und schienen sehr beschäftigt zu sein. Dazwischen liefen schmutzige Kinder umher, die lachten und quietschten, wenn sie einander einholten und fingen. Einige Frauen schöpften mit Tonkrügen Wasser aus einem Brunnen, andere klopften vor ihrer Hütte Teppiche aus oder saßen an einem Tisch und putzten

Gemüse. Es gab Schuppen, in welchen Männer Pferde beschlugen, in Steinöfen Brot buken oder mit einfachen Werkzeugen Holz und Metall bearbeiteten. In einer großen, wackeligen Holzgarage entdeckte die Familie bei der Durchquerung des Dorfs ein paar primitive Fahrzeuge. Insgesamt wirkte die Siedlung, als stammte sie aus einem viel früheren Jahrhundert.

Die vier Besucher hatten allerdings das Gefühl, von den Bewohnern ignoriert zu werden, niemand grüßte, keiner würdigte sie auch nur eines Blickes.

„Wahrscheinlich eine Gruppe Aussteiger, so ähnlich wie die Amischen in Ohio und Pennsylvania", mutmaßte der Vater namens Greg. „Die mögen Menschen, die eine andere Gesinnung haben oder eine aufgeschlossenere Gesellschaft vertreten, auch nicht!"

Kurz darauf fuhren sie weiter und erreichten schon zehn Minuten später ihr Ziel.

In dem für fünf Nächte gebuchten Camp angekommen, führte sie der Verwalter zu ihrem Bungalow. Während die Mutter namens Sandy ihre nun doch erschöpften und lautstark gähnenden Söhne zu Bett brachte, kam Greg im Häuschen des Vermieters der Ferienunterkunft, wo er einige Formulare ausfüllen musste, mit diesem ins Gespräch. Er erzählte von der schönen Landschaft und dem Tal mit den einfachen Holzhütten. „Es wirkte, als wäre dort die Zeit stehen geblieben. Die Leute waren sehr freundlich, allerdings auch ein wenig sonderbar, wie aus der Realität gefallen", witzelte er. Sein Gegenüber zeigte sich interessiert, schien aber nicht ganz zu verstehen, wovon Greg sprach. Schließlich fiel diesem auf, dass der Mann keine Ahnung hatte, was er meinte, und er fragte nach.

Der Familienvater bekam zur Antwort: „Es gibt hier weit und breit kein solches Tal, wie Sie es beschreiben, fürchte ich. Auch solche Holzhütten und Leute habe ich in dieser Gegend noch nie gesehen."

Doch die vier Urlauber wussten, dass ihnen diese Menschen begegnet waren. Und es konnte sich doch nicht die ganze Familie geirrt und dasselbe halluziniert haben!

So beschlossen sie, noch einmal zu dem Tal zu fahren, das so nahe von ihrer Unterkunft lag. Als sie die Stelle erreichten, an der sie am Tag zuvor das Auto abgestellt hatten, glaubten sie, ihren Augen nicht zu trauen. Es gab keine grüne Fläche am Fuß des Berges, nur ödes braunes Grasland mit ein paar Bäumen. Es existierten auch keine Holzhütten und keine Bewohner. Das Dorf war spurlos verschwunden und mit ihnen die Menschen, die sie vor weniger als 24 Stunden in ihrem Alltag beobachtet hatten. Besser gesagt: Es war augenscheinlich nie dagewesen – zumindest nicht in der Welt, in der sich Greg, Sandy und ihre beiden Söhne vor und nach dem Besuch der Siedlung befanden.

Fast gleich, aber doch ganz anders

Graz/Stmk., Österreich

Erzählung von B. S.

Stell dir vor, du wirst wach und plötzlich ist nichts mehr wie vorher! Mit diesem Satz leitet die Grazerin B. S. ihre Erzählung ein.

Schlafen gegangen bin ich in meinem Lieblingspyjama, dem hellblauen mit den weißen Einhörnern, da bin ich mir ganz sicher. Als ich am nächsten Tag aufwachte, trug ich plötzlich ein rosafarbenes Nachthemd. Ich war zwar verwundert, dachte aber nicht weiter darüber nach. Vielleicht hatte ich mich in der Nacht im Halbschlaf umgezogen und konnte mich nicht daran erinnern. Gähnend ging ich die Küche, um mir einen Kaffee zu kochen. Irritiert stellte ich fest, dass die Wände des eigentlich in Beige gestrichenen Raums plötzlich in sonnigem Gelb erstrahlten. Als ich mich verwirrt umsah, erblickte ich einige Gegenstände, die sich zuvor nicht in meiner Küche befunden hatten, auch die Kaffeemaschine war eine andere. Ich ließ mich auf einen Stuhl fallen und rieb mir die Augen, doch das änderte nichts an den Tatsachen. Befand ich mich in einer anderen Wohnung? Doch warum hätte ich mich in ein fremdes Bett legen sollen? Kurz zog ich in Erwägung, in der Nacht einen Schlaganfall gehabt zu haben, verwarf diese Möglichkeit jedoch rasch wieder; ebenso wie die, immer noch im Bett zu liegen und zu träumen.

Im Anschluss überprüfte ich die Außenseite der Eingangstür, auf der die Messingziffern zwei und vier prangten – 24, die richtige Nummer. Gleich darauf blickte ich mich im Vorzimmer um, das ebenfalls leicht verändert aussah, obwohl zumindest die Farbe der Wände stimmte. Allerdings hingen dort Bilder, die ich noch nie zuvor gesehen hatte. Da kam mir die rettende Idee: Ich fiel auf einen Streich herein, den mir meine Freunde spielten. Unter Umständen wurde der Scherz auf meine Kosten sogar professionell mit einem TV-Team inszeniert und ich in meiner Ratlosigkeit die ganze Zeit über gefilmt, als Opfer einer Sendung mit versteckter Kamera. Aber wie hätte man sich nachts Zutritt zu meiner Wohnung, zu der nur ich einen Schlüssel besaß, verschaffen sollen?

Trotzdem ging ich nun ein wenig entspannter mit den Gegebenheiten um, redete mir ein, dass es schon bald an der Tür läuten und ein Fernsehteam in Begleitung einiger meiner Leute vor mir stehen würde. Als mein Blick auf die Uhr fiel, erschrak ich, da ich mich längst auf dem Weg zur Arbeit hätte befinden müssen. Ich lief zurück ins Schlafzimmer und riss die rechte Tür des Kleiderschranks auf – die Sachen, die ich gleich darauf hektisch durchwühlte, gehörten nicht zu meiner Garderobe. Ein einziges T-Shirt fiel mir in die Hände, das ich wiedererkannte. Hastig zog ich es über und schlüpfte in eine bequem wirkende Hose, die mir sogar passte. Dann eilte ich ins Badezimmer, ignorierte den Umstand, dass ich wieder viele Dinge verändert vorfand, inklusive einer Zahnbürste mit weichen Borsten, obwohl ich die mit den harten bevorzugte, machte mich fertig und verließ anschließend meine Wohnung. Ohne Kaffee!

Irritiert durch den Umstand, dass sich die Situation immer noch nicht aufgelöst hatte, hetzte ich in die Firma, ein Notariat mitten in der Innenstadt; doch auch dort war alles anders als sonst. Vorbei an einigen mir völlig fremden Leuten, die mir verwunderte Blicke zuwarfen, betrat ich mein Büro und sah, dass eine mir unbekannte Frau an meinem Schreibtisch saß. Unsicher frage ich nach, was sie in meinem Arbeitszimmer mache – ohne mittlerweile noch wirklich damit zu rechnen, dass es sich um einen Irrtum handelte oder sie ertappt aufsprang, weil sie sich unbefugt an meinem Platz aufhielt. Mein Gegenüber starrte mich stirnrunzelnd an und stellte dann süffisant fest, dass ich mich verlaufen haben musste und im falschen Stockwerk befand. Den Tränen nahe schloss ich die Türe zu „meinem“ Büro und wollte die Firma gerade verlassen, als mich meine Lieblingskollegin Katharina zu sich rief. Ich sollte auf einen schnellen Morgenkaffee zu ihr kommen, weil ich grässlich und total übermüdet aussehen würde. Überrascht, ein bekanntes Gesicht zu erblicken, betrat ich erfreut das Zimmer am Ende des Flurs, das sich erstaunlicherweise dort befand, wo es immer schon gewesen war. Endlich stimmte etwas mit meiner Erinnerung überein. Trotzdem zog ich auf dem Weg zu Katharina neuerlich in Betracht, dass in meinem Kopf etwas nicht stimmte. Vielleicht kein Schlaganfall, sondern ein Tumor?

„Bettina? Du siehst aus, als hättest du ein Gespenst gesehen", meinte meine Kollegin, während sie mir eine Tasse heißen Kaffee reichte. Ich wusste nicht, was ich antworten sollte – die Wahrheit konnte ich ihr nicht sagen, das stand fest. Also tastete ich mich langsam und hoffentlich unauffällig an eine mögliche Begründung für die aktuellen Vorkommnisse heran und bemerke wie im Scherz: „Heut' sehe ich fast nur unbekannte Gesichter, ich hätte gestern die Flasche Wein nicht trinken sollen!" Mein Gegenüber lachte, sagte aber nichts dazu. Da beschloss ich, direkter zu werden: „Mein Büro hat offenbar meine Nachfolgerin übernommen. Sollte ich irgendwas wissen?" Katharina runzelte die Stirn und warf mir einen verwunderten Blick zu.

„Du solltest die Finger vom Alkohol lassen! Du arbeitest doch gar nicht mehr hier. Hallo? Und in dem Zimmer, aus dem du gerade gekommen bist, sitzt die Neue, die heute angefangen hat. Was hattest du denn dort zu suchen?"

„Nichts … nichts. Äh … aber ich … wo …?" Langsam hatte ich wirklich das Gefühl, den Verstand zu verlieren.

„Du hast vor drei Jahren einen Job in der Rechtsanwaltskanzlei nebenan angenommen. Sag mal … Du kommst nur hin und wieder, wenn du morgens früh genug dran bist und noch ein wenig Zeit hast, auf einen Kaffee bei mir vorbei. Was ist denn los mit dir?" Sie musterte mich aufmerksam, wobei sich in ihrer Miene abwechselnd Belustigung, Ratlosigkeit und Besorgnis spiegelten.

„Warum schauen mich dann alle so seltsam an, wenn sie mich eh kennen?", fragte ich heiser nach, ohne näher auf ihre Frage einzugehen.

„Na, weil du aussiehst, als wärst du gerade erst aus dem Bett gekrochen."

„Ich habe kaum geschlafen und bin heute offenbar ein wenig verwirrt", redete ich mich aus und wagte es nicht, meiner Freundin, denn Kollegin war sie ja offenbar keine mehr von mir, zu erzählen, was mir gerade passierte. Nach etwa zehn Minuten Small Talk, bei dem ich mich kaum auf Katharinas mittlerweile munteres Geplapper konzentrieren konnte, verabschiedete ich mich und verließ das Bürogebäude.

Kurzerhand beschloss ich, mich bei meinem Vorgesetzten krank zu melden. Rasch bog ich in eine Seitengasse ab, um nicht noch im letzten Moment von jemandem aus der Kanzlei, in der ich laut Aussage meiner ehemaligen Kollegin arbeitete, gesehen zu werden. Anschließend suchte in meinem Handy nach einem passenden Eintrag und wählte kurz darauf die Nummer zu dem Wort „Chef". Nach dem Vortäuschen einer Magen-Darm-Grippe machte ich mich auf den Rückweg nach Hause.

Ich stand zwar unter Schock, aber ich funktionierte irgendwie.

Daheim angekommen, ließ ich mich im Wohnzimmer auf die Couch fallen und wollte meine beste Freundin Laura anrufen, um sie zu bitten, nach der Arbeit bei mir vorbeizukommen – doch in meinem Telefon existierte dieser Name gar nicht. Den Tränen nahe ging ich in die Küche, weil mein Magen zu knurren begann, und sah am Esstisch einen Zettel liegen, der sich morgens noch nicht dort befunden hatte. Auf dem Stück Papier stand: „Liebling, ich bin gestern Nacht aus Los Angeles zurückgekommen, wollte dich aber nicht wecken und habe im Hotel übernachtet. Als ich hier eintraf, warst du schon weg und ich muss auch schon wieder los. Wir sehen uns am Abend. Ich liebe dich!"

Wie paralysiert ließ ich mich auf einen Stuhl fallen und starrte auf die Schrift, die langsam vor meinen Augen zu verschwimmen begann. Ich war seit zwei Jahren Single.

Mittlerweile extrem verzweifelt und langsam in Panik geratend, zerbrach ich mir den Kopf über die Ereignisse. Einen Streich meiner Freunde konnte ich längst ausschließen, so weit würde niemand gehen. Aber was geschah dann mit mir?

Ächzend erhob ich mich vom Küchenstuhl, ging ins Schlafzimmer und öffnete mit einer dumpfen Ahnung die linke Tür des Kleiderschranks – fein säuberlich nebeneinander hingen in dieser Hälfte des Kastens, in die ich am Morgen gar nicht hineingesehen hatte, farblich sortiert einige weiße, hellblaue und graue Hemden mit passenden Krawatten, darunter ein paar Jeans und Stoffhosen. Mein

Freund oder Ehemann hatte eindeutig mehr Sinn für Ordnung als ich. Ich begann hysterisch zu kichern, so absurd war die Situation, riss mich aber gleich darauf wieder zusammen und zwang mich, darüber nachzudenken, was ich als Nächstes tun sollte.

Mir fielen meine Mutter und mein Vater ein, die mir immer mit Rat und Tat zur Seite standen, mir halfen und in jeder Lebenslage beistanden – ich beschloss also, zu ihnen aufs Land zu fahren und sie zu besuchen. Auf dem Weg hatte ich ein wenig Sorge, dass meine Eltern plötzlich vielleicht woanders wohnten oder im schlimmsten Fall gar nicht mehr lebten. Doch als mein Auto vor dem Hof hielt, den die beiden schon viele Jahre lang gemeinsam bewirtschafteten, kam Mama gleich angelaufen, nachdem sie mich durchs Küchenfenster gesehen hatte, und Papa winkte mir vom Traktor aus zu, der gerade in die Einfahrt einbog.

Später, als wir in der Küche beim Abendessen zusammensaßen und plauderten, gab ich mich sehr zurückhaltend, stellte auch bald fest, dass meine Eltern ein anderes Leben von mir kannten, als ich es bis heute morgen zu führen glaubte. Sie fragten beispielsweise, wie es meinem Mann Thomas ging und ob er noch immer, meinen Kinderwunsch ignorierend, ausschließlich an seine Karriere dachte. Oder sie wollten wissen, wann ich meinen Vorgesetzten in der Rechtsanwaltskanzlei, der mich angeblich nur ausnutzte und viel zu viel von mir verlangte, endlich um eine Gehaltserhöhung bitten würde. Zwischendurch wurde ich gefragt, warum ich so still wäre, ob ich Probleme hätte, doch ich verneinte und gab ausweichende Antworten, redete mich auf Überlastung im Job und eine leichte Ehekrise aus.

In einer bestimmten Situation befürchtete meine Mutter, ich würde langsam mein Gedächtnis verlieren, weil ich mich nicht mehr an den Urlaub in den USA erinnern konnte, in dem ich Thomas kennengelernt hatte. Nach zwei Stunden war ich dermaßen erschöpft, dass ich mich verabschiedete und ratloser als zuvor den Heimweg antrat.

In meiner Wohnung, die mir immer noch wie das Zuhause einer anderen Frau vorkam, legte ich mich auf die Couch und starrte Löcher in die Luft. Ich konnte nicht einmal weinen, so kraftlos fühlte ich mich. Schlagartig wurde mir irgendwann bewusst, dass sich am folgenden Tag entscheiden würde, wie mein Leben weiterging. Oder ich wachte gar nicht mehr auf, diese Möglichkeit zog ich ebenfalls in Betracht. Als ich eine halbe Stunde später die Augen nicht mehr offenhalten konnte, zog ich das rosafarbene Nachthemd an und legte mich ins Bett. Kurz darauf schlief ich ein.

Am Morgen danach wachte ich auf und … trug meinen hellblauen Lieblingspyjama. Ich sprang aus den Federn und lief durch alle Räume: Es schien alles wieder normal zu sein, als hätte es den Tag davor nie gegeben.

Ich kann nur sagen, dass ich mir dieses Erlebnis nicht eingebildet habe, ich bin gesund und nehme weder starke Medikamente noch Drogen. Das Erstaunlichste an der Geschichte ist, dass ich als die Person, die ich jetzt wieder bin, den Tag sehr ähnlich wie „das andere Ich" verbracht hatte – bis hin zur Krankmeldung, selbstverständlich an meinem richtigen Arbeitsplatz in dem Notariat, und dem Besuch bei meinen Eltern, der natürlich auch ein wenig anders verlief.

Bis heute weiß ich nicht, wie das alles passieren konnte, und frage mich häufig, was ich getan hätte, wenn ich nicht wieder zurückgekehrt wäre. Ob das wohl vorkommt, dass Menschen mit dem Bewusstsein eines Daseins in dieser Welt für immer in ein Paralleluniversum verschwinden und dort weiterexistieren – zeitgleich mit ihrem Doppelgänger, der am Ursprungsort bleibt und dort weiterlebt?

Das jüngere Ich

Wien, Österreich

Erzählung von J. F.

An jenem schicksalhaften Mittwoch im Juli 2019 befand sich die 22-jährige J. F. gegen 8 Uhr morgens auf dem Weg zu einem wichtigen Termin auf dem Stephansplatz. Es sollte dies der Tag sein, an dem sich ihr bisheriges Weltbild auf den Kopf stellte und ihr Schulwissen ad absurdum geführt wurde.

Sie war ein wenig zu spät dran und lief gestresst die Treppen zur U-Bahn-Station Karlsplatz hinunter, wo sie beinahe eine Person umgerannt hätte, die treppauf schritt. Sie blieb kurz stehen, um sich für den unsanften Stoß zu entschuldigen. Die ältere Dame, die ein bunt geblümtes Sommerkleid und einen riesigen weißen Hut trug, starrte sie aus wasserblauen Augen erschrocken an. Im Arm hielt sie einen winzigen Hund, der offenbar durch den Stoß aufgewacht war und verschlafen gähnte. Als die junge Frau nach einem atemlos ausgestoßenen „Verzeihung!" weiterhetzte, hörte sie noch: „Ist ja nichts passiert, Baby, die Kleine hatte es nur furchtbar eilig!"

J. sprang nach Luft japsend im letzten Moment in den Zug, wo sie sich auf einen der wenigen freien Plätze fallen ließ und erst einmal kurz verschnaufte. Bald nachdem die U-Bahn angefahren war, wurde ihr mit einem Mal schwarz vor den Augen. Sie senkte den Kopf, damit man ihr den miserablen Zustand nicht ansah, versank in ihrem Sitz und hoffte, dass sich die vermeintliche Kreislaufschwäche nicht zu einer Ohnmacht zuspitzte.

Um sie herum drehte sich alles, ihr Magen rebellierte und in ihrer rechten Kopfhälfte breitete sich ein stechender Schmerz aus. Gerade als die 22-Jährige irgendjemanden um Hilfe bitten wollte, blieb die U-Bahn in der Station Stephansplatz stehen. J. blickte auf und wunderte sich, dass sich um sie herum plötzlich gänzlich andere Menschen befanden als noch kurz zuvor. War sie aufgrund ihres kurzen Schwächeanfalls einer optischen Täuschung erlegen? Oder hatte sie geschlafen und mit dem Zug eine komplette Runde gedreht? Ein Blick auf die Uhr schloss die zweite Erklärung für den seltsamen Vorfall aus und führte ihr zugleich vor Augen, dass sie bereits um zehn Minuten verspätet war. Sie fühlte sich jedoch wieder etwas besser, nur noch ein leichtes Stechen hinter den Schläfen erinnerte sie an ihren vorherigen Zustand.

Die junge Frau verließ kopfschüttelnd den Zug, durchquerte im Laufschritt die U-Bahn-Station und steuerte die nächste Rolltreppe an. Doch dann blieb sie trotz ihrer Eile abrupt stehen, als ihr plötzlich dieselbe Dame entgegenkam, die sie in der U-Bahn-Station Karlsplatz versehentlich angerempelt hatte. Sie trug mittlerweile allerdings statt des geblümten ein einfarbiges weißes Kleid und dazu einen roten Hut. Der kleine Vierbeiner in ihrem Arm war verschwunden, dafür schaukelte eine riesige Handtasche in ihrer Armbeuge. Es handelte sich aber zweifelsfrei um dieselbe Person, die ihre hellen Augen auf ihr Gegenüber richtete, ohne jedoch ein Zeichen des Wiedererkennens zu geben. „Haben wir uns nicht gerade am Karlsplatz gesehen? Waren Sie im Zug? Wie konnten Sie sich so schnell umziehen? Und wo ist Ihr Hund?", sprudelte es aus der jungen Frau hervor. Mit dem Gesichtsausdruck einer Eiskönigin blickte die Dame auf J. hinunter, kniff die Lider zusammen und erklärte scharf, dass sie keine Ahnung hätte, was ihr Gegenüber von ihr wollte. Dann ging sie nach einem hoheitsvollen Nicken weiter.

Vielleicht war sie zufällig kurz hintereinander – optisch identen, aber charakterlich völlig unterschiedlichen – Zwillingsschwestern begegnet, überlegte die junge Frau, während sie die Stufen hinaufhetzte. Sie beschloss, später zu analysieren, was ihr widerfahren war, um jetzt ehestens zu ihrem Treffen zu gelangen. Sie lief an einem Geschäft vorbei, in das sie gern einkaufen ging, und warf im Vorbeiflitzen einen Blick ins Schaufenster – und blieb wie vom Donner gerührt stehen. Sie erblickte auf der blank polierten Scheibe ihr Spiegelbild, nur dass es sich um die um zehn Jahre jüngere Version ihrer selbst handelte!

Fragen über Fragen gingen ihr durch den Kopf und machten es ihr unmöglich, sich auch nur einen Zentimeter von der Stelle zu bewegen: Hatte sie während ihrer Übelkeit in der U-Bahn eine Zeitreise in die Vergangenheit gemacht? Oder war sie durch einen Glitch in der Matrix in einer Parallelwelt gelandet? Existiert der Mensch in jedem einzelnen Moment seines Daseins mit einer Unzahl von Doppelgängern auf verschiedenen Ebenen und führt dort unterschiedliche Leben, wovon wiederum jedes einzelne linear verläuft? Oder ist Chronologie sowieso nur eine Illusion, ebenso wie die vier bekannten Dimensionen, und gibt es „Dinge zwischen Himmel und Erde", von denen wir nicht einmal ansatzweise etwas ahnen und die unsere Vorstellungskraft sprengen?

J. wurde noch vor dem Geschäft ohnmächtig, woraufhin einige Passanten die Rettung riefen. Im Krankenhaus konnte sie sich nur vage an die Vorkommnisse erinnern, lediglich, dass ihr zuerst in der U-Bahn und dann vor dem Schaufenster plötzlich übel geworden war. „Ich hatte allerdings nichts im Magen und totalen Stress", erzählte sie dem Arzt und versuchte damit auch ihr Erlebnis, das ihr wie ein schlechter Traum vorkam, zu erklären.

„Erst Jahre später habe ich mich damit auseinandergesetzt – aus dem einfachen Grund, weil es wieder passiert ist, danach noch ein paar Mal, und ich schon lange nicht mehr wegschauen kann. Ich akzeptiere mittlerweile, dass ich hin und wieder Einblicke in andere Welten erhalte, hab mich schon in mehrfachen Ausgaben gesehen, auch schon als alte Frau. Der Wechsel meines Umfelds und Alters in die eine wie auch die andere Richtung geht immer mit starker Übelkeit und stechenden Kopfschmerzen einher und dauert jeweils zwischen fünf und 15 Minuten. Ich habe mich daran gewöhnt und kann inzwischen damit umgehen."

Der tote Hund

Mora/Dalarnas län, Schweden

Erzählung von S. U.

Was mir bzw. meiner Familie passiert ist, glaubt uns sowieso kein Mensch, daher erzählen wir es auch niemandem. Für dieses Buch machen wir aber eine Ausnahme, um an mysteriösen Phänomenen interessierte Menschen an unserem Erlebnis teilhaben zu lassen.

Anfang April 1992 war nach einem traumhaften Start in die warme Jahreszeit der Winter noch einmal zurückgehrt und die Quecksilbersäule des Außenthermometers um 15 Grad gefallen. Es schneite sogar und unser Hund Benny, ein wilder Mix zwischen Zwergschnauzer und Rauhaardackel, hatte sich in seinem Bettchen eine Höhle mit seinen Kuscheldecken gebaut und darin verkrochen. Er litt als Senior von 14 Jahren schon ein wenig unter der Kälte, seine Gelenke taten ihm an solchen Tagen immer weh und er verließ nicht gern das Haus, obwohl er ansonsten lange Spaziergänge liebte. An diesem Tag schien es ihm allerdings generell nicht gut zu gehen, denn er schlief unruhig, winselte hin und wieder ganz leise und rührte auch sein Futter kaum an. Ich beschloss, nicht zur Universität zu gehen und zwei Vorlesungen zu schwänzen, damit unser vierbeiniges Familienmitglied nicht allein bleiben musste. Meine Eltern und meine kleinen Schwestern befanden sich bereits auf dem Weg zur Arbeit und Schule, als ich es mir im Wohnzimmer in der Nähe von Bennys Schlafstatt gemütlich machte, um den ganzen Tag vor dem Fernseher zu faulenzen.

Zu Mittag schlenderte ich mit dem Hund einmal um den Häuserblock, weiter wollte ich nicht gehen, da ich bemerkte, dass er unter starken Schmerzen litt. Kaum zurück im warmen Wohnzimmer, verkroch er sich wieder in seiner Deckenhöhle. Ich setzte mich vor seinem Bettchen auf den Boden, streichelte und bemitleidete ihn ein bisschen, legte mich dann aber wieder zurück auf die Couch. Erst am späteren Nachmittag sah ich nach ihm und stellte mit Entsetzen fest, dass Benny gestorben war.

Ich wusste im ersten Moment gar nichts mit dem kleinen kalten Körper anzufangen und rief beim Tierarzt an, der versprach, den Leichnam abzuholen – Gott sei Dank klappte das dann auch, noch bevor meine kleinen Schwestern nach Hause kamen. Ich verabschiedete unseren treuen vierbeinigen Gefährten unter Tränen und am Abend trauerten wir alle zusammen um Benny, den wir schon als Welpen aus dem Tierheim geholt hatten, erzählten uns Geschichten von seinen diversen Eigenheiten und erinnerten uns an seine größten Abenteuer an unserer Seite.

Drei Tage später kam ich nach einem langen Tag an der Universität als Erster der Familie nach Hause und ging in die Küche, um mir einen Kaffee zu machen. Da hörte ich ein Bellen in unserem Garten und dachte im ersten Moment, meine Eltern wären doch schon da und hätten für uns einen neuen Hund aus dem Tierheim geholt – ich habe den Zeitpunkt für etwas verfrüht gehalten, aber das war für mich einfach die erste logische Schlussfolgerung. Ich ging ins Wohnzimmer zur Terrassentür, öffnete sie und trat ins Freie, konnte aber auf den ersten Blick niemanden entdecken. Da vernahm ich neuerlich das Bellen, dieses Mal drang es aus der Ecke, wo im Sommer immer Bennys Körbchen gestanden hatte, wenn sich die ganze Familie im Garten aufhielt. Ich ging also am Kirschbaum vorbei hinter das Haus und sah … unseren verstorbenen Hund, der mir erwartungsfroh entgegenblickte und mit dem Schwanz wedelte. Er hielt einen Knochen zwischen den Zähnen, den er offenbar gerade vergraben wollte.

Natürlich musste ich zuerst einmal annehmen, dass es sich um ein fremdes Tier handelte, auch wenn ich mir nicht erklären konnte, wie es auf unser lückenlos eingezäuntes Grundstück gelangt sein konnte. Ich ging also vorsichtig auf den kleinen Vierbeiner zu, redete beruhigend auf ihn ein, ging vor ihm in die Hocke und hoffte, dass er eine Marke trug, auf der im Idealfall sein Name und die Telefonnummer des Besitzers stand. Und genauso war es auch: Der Bursche hieß Benny und die Besitzer waren … wir!

Ich muss gestehen, ich fiel beinahe in Ohnmacht, als ich das sah. Währenddessen leckte mir unser Haustier, das drei Tage zuvor mausetot in seinem Bettchen gelegen hatte, freudig das Gesicht ab. Ich fragte mich, wie ich mit der Situation umgehen und meiner Familie beibringen sollte, dass unser Hund von den Toten auferstanden war. Letztlich hat Benny einfach selbst die Erklärung übernommen, indem er auf meine Eltern und Schwestern zugestürmt ist, als sie zusammen das Haus betraten. Und eigentlich haben wir Erwachsenen dann nicht hinterfragt, wie das geschehen konnte – auch wegen der beiden Mädchen, die einfach nur glücklich waren, als der kleine Vierbeiner an ihnen hochsprang und dabei freudig kläffte.

Wir haben niemandem davon erzählt, einfach erklärt, wir hätten zufällig im Tierheim einen Hund gefunden, der exakt aussah wie unser verstorbener, und ihn deshalb sofort mitgenommen. Benny hat übrigens noch eineinhalb Jahre gelebt, bevor er für immer seine Augen schloss, und das ist mittlerweile schon sehr lang her.

Unsichtbar in Verona

Verona, Italien

Erzählung von H. M.

Ein Bekannter war mit dem Zug von Innsbruck nach Venedig unterwegs und kam auf der Bahnfahrt Richtung Italien mit einer Mutter und ihrer 14-jährigen Tochter ins Gespräch. Die Frau erzählten ihm, dass sie und das Mädchen hofften, in Verona noch den Bus zu ihrem Feriendomizil am Gardasee erreichen zu können, denn sonst müssten sie auf den nächsten warten, der erst am Folgetag abfuhr. Nun hatte der Zug aber Verspätung, und da die beiden Urlauberinnen deshalb bereits sehr nervös waren, beschloss der Mann, ihnen mit ihren schweren Koffern behilflich zu sein, damit sie schneller waren.

Er sprang in Verona mit beiden aus dem Zug und in letzter Sekunde erreichten sie am Busbahnhof das bereits in Richtung Gardasee aufbrechende Fahrzeug. Er winkte den Frauen nach und machte dann Anstalten, zurück zur Station zu gehen, in der sein Zug zehn Minuten Aufenthalt hatte.

Doch als er auf dem großen Platz vor dem Gebäude stand, wurde ihm plötzlich klar, dass er eine halbe Stunde zuvor bereits hier gewesen war. Nicht, dass er das, was in dem Moment passierte, im Vorhinein schon wusste wie bei einem klassischen Déjà-vu. Er hatte dieselbe Situation nicht schon einmal erlebt, sondern er war einfach nur kurz zuvor schon an diesem Ort gewesen. Zu dem Zeitpunkt hatte er sich allerdings noch mit den beiden Damen im Zug befunden. Und Verona, eine der bekanntesten Großstädte im Nordosten Italiens, kannte er nicht, etwa aus einem früheren Urlaub.

Sein Grübeln über diese Erkenntnis wurde von einem schrillen Pfeifen unterbrochen, das bedeutete, dass sein Zug nach Venedig soeben abfuhr – ohne ihn. Und so beschloss mein Bekannter, seiner eigenen Fährte nachzuspüren, und ging einfach drauflos. Er wusste natürlich nicht, was hinter der nächsten Straßenecke auf ihn wartete, aber sobald er dort ankam, erkannte er alles bis ins Detail, weil er vor Kurzem hier entlanggelaufen war; auch wenn das praktisch gar nicht sein konnte.

Bald bemerkte er allerdings, dass er scheinbar von niemandem wahrgenommen wurde, als ob er gar nicht anwesend wäre. Rad- und Autofahrer sahen ihn nicht. Er kam zu einem Taxistand, klopfte auf der Fahrerseite an das Fenster, der Taxilenker erschrak, sah in seine Richtung, blickte aber durch ihn hindurch. Geräusche verursachen konnte er also, er war nur einfach optisch nicht wahrnehmbar und existierte offenbar in einer anderen Daseinsform als der gängigen. Seltsamerweise irritierte oder störte ihn das nicht einmal sonderlich.

So ließ er sich weiter durch Verona treiben und dabei überraschen, wo er wohl hingelangen würde. Als er Durst bekam, wurde seine Vermutung, für andere unsichtbar zu sein, aufs Neue bestätigt. Er ging in ein Straßencafé. Niemand blickte auf oder bemerkte ihn. Er nahm sich aus der Kühlvitrine hinter der Theke ein Bier und verließ das Lokal wieder, ohne dass ihn jemand daran gehindert hätte. Schönes neues Leben. Er fragte sich zwar kurz, warum niemand sein Getränk durch die Luft schweben sah, ging aber davon aus, dass dieses ebenfalls in eine andere Form der Existenz übergegangen war.

Vor einem Brunnen mitten in der Stadt sprach er eine junge Frau an, weil er wissen wollte, ob seine Stimme Klang hatte. Das Mädchen blickte zwar auf und sah sich um, als er sie auf Italienisch nach dem Weg zum Bahnhof fragte, nahm ihn als optische Erscheinung aber nicht wahr.

Noch bevor mein Bekannter so recht wusste, wie ihm geschah, befand er sich eine Stunde später wieder vor dem Bahnhof in Verona. Unbewusst hatten ihn seine Schritte in diese Richtung gelenkt – für ihn ein Zeichen, dass er diesen Ort verlassen sollte. Nachdem er am Bahnsteig angekommen und in den nächsten Zug nach Venedig gestiegen war, endete sein sonderbarer Zwischenzustand. Die Leute bemerkten ihn und antworteten ihm, wenn er sie ansprach.

Später hat er viel über dieses sonderbare Erlebnis nachgedacht. Er kann es sich bis heute nur so erklären, dass es zu einer zwischenzeitlichen Aufspaltung der Raum-Zeit-Dimension gekommen war und er sich gleichzeitig auf zwei Zeitebenen befunden hatte. Warum er dabei „unsichtbar“ wurde, kann er sich bis heute nicht ganz erklären.

Vom Kaufhaus in die Bahnhofshalle

Chicago/Illinois, USA

Bericht von Ursula Blaim

Chicago 1956, ein junges Ehepaar, ein Einkaufscenter.

Zwei junge Leute, der 24-jährige John und die 21-jährige Mary, wollten sich an diesem Tag in der riesigen Shoppingmall umsehen, um ein paar Deko-Gegenstände für ihre erste gemeinsame Wohnung zu erwerben. Sie bestiegen einen der vollen Aufzüge, die sich in einem Seitentrakt des Gebäudes befanden und von den Geschäftspassagen mittels einer großen Glastür getrennt waren, um ins oberste Geschoss zu gelangen. Der voll besetzte Lift hielt dabei in jedem Stockwerk an, die Türen gingen auf und zu, Dutzende Personen stiegen ein und aus. In dem Trubel wurde das Pärchen getrennt, da die Frau einmal den Fahrstuhl verließ, um andere Leute hineinzulassen, und anschließend keinen Platz mehr in der vollen Kabine fand.

John verharrte inmitten der Menschenmenge, da er davon ausging, dass seine Gattin mit dem nächsten Lift nachkommen würde. Diese wartete eine Zeit lang in dem Seitentrakt auf einen etwas weniger besetzten Aufzug, doch als es ihr zu lang dauerte, wollte sie die Treppe nehmen. Dazu musste sie zurück in die Geschäftspassage und machte sich auf den Weg, als sich mit einem Mal ihre Armbanduhr löste und zu Boden fiel. Sie hob das Schmuckstück, das sie von ihrer Mutter kurz zuvor als Geburtstagsgeschenk erhalten hatte, auf und befestigte es wieder am Handgelenk.

Sie prüfte, ob die Uhr noch funktionierte, während sie mit gesenktem Blick auf die Glastür zuging. Als diese sich automatisch öffnete, schwoll der Frau großer Lärm entgegen. In das Reden und Lachen von Menschen mischte sich allerdings noch ein Geräusch, das in einem Kaufhaus üblicherweise nichts zu suchen hatte: ein auf- und abschwellendes Rauschen. Sie hob den Kopf und glaubte, in einem schlechten Traum gelandet zu sein. Mary befand sich nämlich nicht mehr in der Shoppingmall, sondern in einer Bahnhofshalle, in der rege Betriebsamkeit herrschte.

Verdutzt blickte sie von einer Seite zur anderen, doch an der Situation änderte sich auch nach mehrmaligem Hin-und-Herschauen inklusive Augen schließen und wieder öffnen nichts. Irritiert wollte sie zu den Aufzügen zurückgehen, doch statt der Glastür fand sie plötzlich ein großes offenes Portal vor, das ins Freie führte. Sie trat auf die Straße, erkannte die Gegend aber nicht – keinesfalls jedoch gehörte sie zum Umfeld des Einkaufscenters und lag daher auch nicht in der Nähe ihrer Wohnung.

Mary ging ein paar Schritte nach vorne und besah sich das Gebäude, aus dem sie kurz zuvor herausgekommen war: Es handelte sich ganz eindeutig um eine riesige Zughaltestelle, von der beidseitig mehrere Schienenstränge abgingen. Die Station befand sich allerdings ganz sicher nicht in Chicago. In welche Richtung die Geleise verliefen, ob geradeaus oder nach einer Kurve nach rechts oder nach links, ließ sich nicht feststellen, denn schon nach wenigen Metern war die Umgebung in weiße Dunstschwaden gehüllt, die träge vor sich hin waberten.

Mehr neugierig als panisch trat sie wieder ins Innere des Bahnhofs und versuchte dort, Leute anzusprechen und zu fragen, wo sie sich aufhielt und wie sie zurück zum Einkaufscenter gelangen würde. Doch keine der kontaktierten Personen reagierte auf sie oder gab ihr Auskunft. Mittlerweile doch ein wenig nervös und mindestens ebenso genervt, ging Mary zum Infostand inmitten der Halle. Doch auch die Dame, die hinter dem Tresen ihren Dienst versah, schaute durch sie hindurch, als sie um Auskunft bat.

Wütend trat sie ein weiteres Mal vor das Gebäude, wo ebenfalls reges Treiben herrschte: Busse kamen an und fuhren ab, Autos suchten nach einem Parkplatz, Menschen hasteten zum Zug oder verließen den Bahnhof in gemächlicherem Tempo. Die junge Frau versuchte erneut, mit einigen Leuten zu kommunizieren, doch das Ergebnis war dasselbe wie zuvor: Niemand nahm Notiz von ihr.

Da sah die 21-Jährige einen kleinen Jungen, der dasselbe tat wie sie und erfolglos versuchte, mit Menschen ins Gespräch zu kommen, die nicht auf ihn reagierten. Sie ging auf ihn zu und entdeckte an seinem Blick, dass er sie wahrnahm. Sie sprach ihn an und er erzählte ihr, dass er aus Nebraska stammte und gerade noch mit Freunden in einer Kletterhalle gewesen war. Er hatte sich nach dem Training in der Umkleidekabine umgezogen, und als er diese verließ, befand er sich in der Bahnhofshalle.

Mary nahm das verängstige Kind an der Hand und beschloss, mit ihm in den Park zu gehen, der sich direkt neben der Zughaltestelle befand, um zu überlegen, was sie unternehmen konnte, um zurück in die Shoppingmall oder in ihre Wohnung zu gelangen und auch den Jungen heil zurück zu seinen Eltern zu bringen.

In der Grünanlage angekommen, erblickten die beiden einen Teich mit einer Sandbank in der Mitte. Darauf standen zwei Frauen, die sich miteinander unterhielten. Als sich die eine umwandte, erkannte Mary ihre Schwägerin, die ihr auch sofort strahlend zuwinkte. Sie rief ihr zu, dass sie sich gleich von ihrer Bekannten verabschieden und kurz in einen Laden gehen wolle und danach zu ihr hinüberkäme. Doch es war kein Geschäft zu sehen, nur der Park, der Teich und die Sandbank.

Als sie auf die Frau ihres Bruders zuging, löste sich die Umgebung um sie herum auf. Alles verschwamm vor ihren Augen, verschmolz zu einem grauen Klumpen und begann sich zu drehen. Mary wurde schwindelig, weshalb sie die Augen schloss, wobei sie sich fast schwerelos und von der Realität abgespalten fühlte. Sie hörte den Jungen neben sich rufen, spürte seine Hand in der ihren, konnte aber nicht reagieren. Kurz spürte sie, wie ihr Gewicht in den Körper zurückkehrte, und sie sackte nach unten, hob ihre Lider und fand sich in einem Plattenladen im Einkaufscenter wieder. Sie saß auf einem Hocker, trug Kopfhörer und lauschte dem Sound eines Orchesters, das ein Musikstück von Wolfgang Amadeus Mozart intonierte.

Ein Mitarbeiter, der gerade zusperren wollte, drehte sich um und erschrak fürchterlich. Sie nahm die Kopfhörer ab und der Mann rief: „Wie kommen Sie denn herein? Gerade war alles leer!“ Er regte sich sehr darüber auf, dass sie sich offenbar versteckt hatte, da er sich ihr plötzliches Auftauchen nicht anders zu erklären wusste. Noch bevor sie sich rechtfertigen konnte, setzte er sie vor die Tür.

Mary sah sich auf dem Geschoss, in dem sie sich befand, um und stellte fest, dass alle Läden bereits im Begriff waren zu schließen. Sie verließ das Einkaufscenter daher und machte sich auf den Heimweg. In ihrer Wohnung angekommen, wurde sie von ihrem aufgeregten Ehemann empfangen, der voller Sorge bereits stundenlang auf sie gewartet hatte. Er erzählte: „Da du nicht zu mir hinaufgekommen bist, habe ich dich im ganzen Gebäude gesucht. Wo warst du denn den ganzen Tag?"

„Den ganzen Tag?", fragte die junge Frau erschrocken nach.

„Wir sind um 10 Uhr in der Mall angekommen und jetzt ist es nach 20 Uhr!"

Die junge Frau konnte sich nicht vorstellen, dass in der offensichtlichen Realität so viele Stunden, während ihres Aufenthalts in der anderen Welt aber höchstens 45 Minuten vergangen waren.

Das US-amerikanische Magazin *Fate*, das sich mit paranormalen Phänomenen beschäftigt, griff den Fall auf, nachdem die Betroffenen in einer einschlägigen TV-Sendung darüber berichtet hatten. Eine Reporterin befragte für ihren Bericht alle beteiligten Personen, die in die Geschichte involviert gewesen waren, angefangen von dem Ehepaar selbst über die Schwägerin bis hin zum Besitzer des Plattenladens, und recherchierte akribisch.

Bei der Aussage der Frau von Marys Bruder handelte es sich um die interessanteste Schilderung. Die Frau berichtete nämlich, dass sie die Schwester ihres Gatten mit einem kleinen Jungen an der Hand in der City von Chicago gesehen hatte. „Ich war dann, wie angekündigt, in dem Geschäft, und als ich es wieder verließ, fehlte jede Spur von den beiden!"

Die Wiese vor dem Kinderzimmer

Saint-Lary-Soulan/Hautes-Pyrénées, Frankreich

Bericht von Ursula Blaim

In einer kleinen Provinz in Südfrankreich wurde an einem heißen Augusttag im Jahr 1973 ein kleines Mädchen von seiner Mutter zu Bett gebracht. Nach der dritten Gute-Nacht-Geschichte drückte Diana ihre Tochter Kathy noch einmal fest an sich, deckte sie zu und küsste sie zärtlich auf die Stirn. Anschließend verließ sie auf Zehenspitzen das Zimmer.

Die Frau ging über die Stufen hinunter ins Untergeschoss des Hauses, das sie gemeinsam mit ihrem Mann Alfred, Kathy und Kater Theo bewohnte. Am Treppenabsatz fiel ihr Blick auf ein paar frisch gewaschene bunte Söckchen, Strumpfhosen und Shirts ihrer Tochter, die sie noch schnell in den Kasten im Kinderzimmer räumen wollte. Sie hob den Stapel vom Boden auf und stieg die Stiegen wieder hinauf. Leise öffnete sie die Tür, um die Kleine nicht zu wecken, falls diese schon schlief.

Als jedoch der helle Schein der Lampe aus dem Vorraum in das Zimmer fiel, sah Diana, dass es leer war. Eilig tastete sie nach dem Schalter und knipste das Licht an, trat mit einem Riesenschritt ans Kinderbett heran, hob die Decke hoch und wendete sogar das Kissen, doch Kathy schien verschwunden zu sein. Sie stellte den gesamten Raum auf den Kopf, während sie immer wieder den Namen des kleinen Mädchens rief. Danach rannte sie durchs ganze Haus und schaute in jeden Winkel, in alle Schränke, unter die Couch und hinter sämtliche Vorhänge.

In höchster Aufregung verständigte sie Alfred, der als Wachmann im Sicherheitstrakt eines Pharmaunternehmens arbeitete und erst eine Stunde zuvor zu seiner Nachtschicht aufgebrochen war. Der Mann setzte sich sofort ins Auto und fuhr zurück nach Hause, um gemeinsam mit seiner Ehefrau nach ihrer Tochter zu suchen – ohne Erfolg. Schließlich verständigten sie die Polizei, um die Abgängigkeit der Dreijährigen zu melden. Nachdem auch die Beamten im Haus, auf dem gesamten Grundstück und bei den Nachbarn ergebnislos Ausschau nach Kathy gehalten hatten, wurden die Feuerwehr und ein Team mit Spürhunden zu Hilfe gerufen.

Die Einsatzkräfte durchkämmten die gesamte Umgebung, während zwei Beamte bei den Eltern im Haus blieben und diesen Mut zusprachen. Die ganze Nacht waren die Uniformierten samt verbeinigen Fährtensuchern unterwegs, bis sie schließlich in den frühen Morgenstunden müde und frustriert zu dem verzweifelten Ehepaar zurückkehrten, ohne eine gute Nachricht überbringen zu können. Diana kochte mit versteinerter Miene Kaffee für die Helfer, während Alfred die Polizisten Löcher in den Bauch fragte und vor allem wissen wollte, wie es nun weitergehen würde.

Mitten im Gespräch ertönten plötzlich aus dem Obergeschoss laute Jammerlaute, es klang wie das Weinen eines kleinen Kindes. Sofort verstummten alle im Haus befindlichen Personen und nach der ersten Schrecksekunde stürmten gleich mehrere Leute die Treppe hinauf in Richtung Kathys Zimmer. Als Alfred als Erster die Tür aufriss, glaubte er, seinen Augen nicht trauen zu können: Seine Tochter stand in ihrem Bettchen, trat ungehalten mit ihren stämmigen Beinen auf die Matratze ein und wandte ihm ihr tränenüberströmtes rotes Gesicht zu, die Mundwinkel empört nach unten gezogen.

Nach der ersten erleichterten Wiedersehensfreude, vielen Umarmungen, Trostworten und Streicheleinheiten versuchten die Eltern dem Mädchen zu entlocken, was passiert war. Nachdem sich Kathy endlich ein wenig beruhigt hatte, berichtete sie stockend und unter letzten Schluchzern von ihren Erlebnissen – so fantasievoll, wie es nur ein kleines Kind zu erzählen in der Lage war. Ihre Eltern hörten geduldig zu, fragten nach und wiederholten einiges, um sicherzugehen, bis sich aus den Worten eine zusammenhängende Geschichte ergab. Eine Stunde später schlief die Kleine erschöpft ein, allerdings nicht in ihrem Bettchen, in dem ihr nächtliches utopischen Abenteuer begonnen hatte, sondern auf der Couch im Wohnzimmer in den Armen ihrer Eltern.

Kurze Zeit später erzählte Diana in der Küche den noch verbliebenen Beamten bei einigen weiteren Tassen Kaffee, was genau ihre

Tochter berichtet hatte: „Sie sagt, sie hat mit ihrem Plüschtier gekuschelt, als sie plötzlich im Flur ein Lachen hörte, so als würden dort mehrere Kinder miteinander Spaß haben. Sie kletterte also von der Matratze und öffnete die Tür, sah gleich darauf die Sonne auf eine Wiese scheinen, auf der einige Jungen und Mädchen Fangen spielten. Kathy wollte mitmachen und lief auf die Gruppe zu, kichernd, weil das hohe Gras sie an den Fußsohlen kitzelte, und freute sich, noch nicht schlafen gehen zu müssen. Als sie jedoch bei den Kindern angekommen war, regierte keines von diesen auf ihre Bitte, mitmachen zu dürfen. Sie wurde gar nicht beachtet. Enttäuscht und sauer kehrte sie wieder in ihr Zimmer zurück und begann vor Wut zu weinen … was wir dann gehört haben."

Die Erzählung des kleinen Mädchens klang dermaßen surreal, dass sich ein Journalist des Magazins *Fate* für den offenkundigen Ausflug in eine Parallelwelt interessierte. Alfred und Diana hatten die Geschichte publik gemacht, weil sie fürchteten, dass sich die Vorkommnisse wiederholen würden. Sie erhofften sich durch die Veröffentlichung Rat bzw. Hilfe von anderen Betroffenen bzw. Eltern von Kindern mit ähnlichen Erlebnissen.

Der zuständige Zeitungsreporter aus den USA machte sich auf den Weg nach Südfrankreich und befragte in Saint-Lary-Soulan sowohl die Eltern als auch die Polizei zu dem Vorfall. Diana sagte aus, dass sich Kathy zum Zeitpunkt ihres Verschwindens im Bett in ihrem Zimmer befunden hatte. Alle Beteiligten gaben zudem an, dass das Mädchen beim Eintreffen der Einsatzkräfte nicht im Haus gewesen war.

Wieder zurück in der Heimat erhielt der Redakteur des Magazins *Fate* eine Nachricht von der Mutter des Mädchens. Sie schrieb: „Gestern stand eine alte Dame vor meiner Tür, die ganz in der Nähe unseres Hauses wohnt. Sie erzählte mir, dass ihr als Kind genau dasselbe wie unserer Tochter passiert, ihr Verschwinden damals aber unbemerkt geblieben sei. Da sie damals schon etwas älter war als Kathy, hat sie auch nicht geweint oder nach ihrer Rückkehr von der Wiese in ihr Bett auf sich aufmerksam gemacht und auch später niemandem davon erzählt. Unser Ort scheint wohl so eine Art Übertrittsportal in eine andere Dimension zu sein, das allerdings nur für Kinder geöffnet ist und nur von ihnen durchschritten werden kann. Vielleicht gibt es ja noch mehr Betroffene? Ich werde mich umhören und ersuche auch Sie, uns zu kontaktieren, sollten Sie etwas erfahren."

Doppeltes Lottchen

Gföhl/NÖ, Österreich

Erzählung von Ursula Blaim

Diese Geschichte hat sich in einem Sommer Anfang der 1990er-Jahre zugetragen. Ich war gerade Mutter eines Sohns geworden und genoss die Zeit mit meiner Familie. Meine Eltern befanden sich auf Urlaub im Waldviertel, sie fuhren jedes Jahr nach Krumau am Kamp, um dort bei Spaziergängen in der Natur und beim Fischen den Alltag hinter sich zu lassen und Kraft zu tanken.

Eines Tages erhielt ich einen Anruf von meiner Mutter, die mich vorwurfsvoll zur Rede stellte, warum ich mein Baby allein lassen und wegfahren würde, um mit zwei Männern und einer anderen Frau ausgelassen zu feiern. Ich glaubte, meinen Ohren nicht zu trauen, da ich mich nicht aus Wien wegbewegt und schon gar nicht mit irgendjemandem Party gemacht hatte. Rasch versicherte ich, dass ich seit der Geburt meines Kindes nicht mehr weg gewesen sei.

„Ich bitte dich, Uschi! Wir haben dich doch gesehen! Erklär uns, mit wem du gestern auf dem Gföhler Volksfest warst, und wir vergessen die ganze Sache. Dein Mann muss es ja nicht unbedingt erfahren, aber wir wollen es schon wissen!"

„Mama, ich war nirgendwo, außer einmal kurz im Laden um die Ecke, um fürs Abendessen einzukaufen. Was denkst du denn von mir?"

„Erzähl mir nichts … Der Papa hat dich doch auch erkannt. Du bist unsere Tochter, wir merken, ob du vor uns stehst oder eine andere Frau. Wir wissen nicht nur, wie du aussiehst, sondern auch, wie du dich bewegst, wie du lachst, und kennen deine typischen Gesten, deinen Kleidungsstil …"

„Schon gut, Mama, ich weiß schon, was du mir sagen willst. Trotzdem war ich gestern nicht im Waldviertel. Frag doch Markus, wenn du mir nicht glaubst. Er war ab 16 Uhr zu Hause und abends kam Besuch zu uns."

Ich war wirklich erschüttert über diese Anschuldigung, da mich meine Mutter doch genau kannte und wusste, dass ich niemals mein Baby allein lassen würde, um mit fremden Leuten Spaß zu haben – noch dazu im Waldviertel! Und das zum selben Zeitpunkt, an dem sich auch meine Eltern dort aufhielten und ich mich damit ja absichtlich dem Risiko ausgesetzt hätte, von ihnen gesehen zu werden.

Es blieb eine Zeit lang still am anderen Ende der Leitung, meine Argumente schienen sie endlich überzeugt zu haben. Ich wollte schon triumphieren, vielleicht sogar die eine oder andere spöttische Bemerkung machen, von wegen Brille kaufen, zum Augenarzt gehen oder Ähnliches. Doch da hörte ich meine Mutter weinen und fragte besorgt nach.

„Es tut mir leid, Uschi, ich hätte wissen müssen, dass du so etwas nicht machst. Aber ich schwöre dir: Das warst du! Wie du leibst und lebst. Ganz eindeutig. Eltern erkennen ihr Kind immer!"

„Aber Mama …"

„Ich glaube dir natürlich. Trotzdem haben wir dich gesehen, gestern Abend auf dem Gföhler Volksfest! Daran gibt es nicht den geringsten Zweifel!"

Meine Mutter hat noch am selben Tag in der kleinen Gemeinde nahe ihrem Urlaubsort Krumau am Kamp nachgefragt, ob jemand die mysteriöse Frau schon einmal gesehen habe. Am Land ist das einfacher als in der Stadt, da kennt jeder jeden. Aber niemand kannte den Namen der Unbekannten, die laut einhelliger Meinung der Ortsbewohner sicher nicht in Gföhl lebte oder sich öfter dort aufhielt. Über den für das Catering beim Volksfest verantwortlichen Wirt erhielten meine Eltern die Namen der beiden Männer, die mit meiner Doppelgängerin getanzt hatten und ortsbekannt waren. Doch auch die beiden hatten keine Ahnung, um wen es sich bei der Frau handelte. Sie wäre plötzlich aufgetaucht und gegen 1 Uhr morgens wieder verschwunden. Die ganze Geschichte erinnerte ein wenig an Aschenputtel, nur dass mein offenbar anderes Ich keinen Schuh verlor.

Dank weiterer Recherchen meiner Eltern, denen die Sache einfach keine Ruhe ließ, wurde ein Schnappschuss von der Unbekannten organisiert, der von einem Lokalreporter aufgenommen worden war. Der Journalist hatte auf dem Fest fotografiert, um hinterher in einer Ausgabe des Regionalblattes darüber zu berichten, und dabei mit der Kamera auch ein paar Szenen von der ausgelassen tanzenden Bevölkerung festgehalten. Er bot sich an, das Bild zu scannen und mir per Mail zuzusenden, damit ich mich von der absurden Existenz dieser Person, die mir bis aufs Haar gleichen sollte, selbst überzeugen konnte.

Als ich zwei Tage nach dem Telefonat mit meiner Mutter und ihren verstörenden Vorwürfen in das lachende Gesicht meiner Doppelgängerin blickte, stockte auch mir der Atem: Ich sah nicht nur eine exakte Kopie von mir, sondern die Frau trug tatsächlich auch noch eines meiner alten Kleider, das ich einst auf einem Safari-Urlaub in Afrika erstanden, aber schon Jahre zuvor ausgemustert hatte. Ich verstand die Welt nicht mehr! Auch mein Markus findet bis heute keine Erklärung für dieses Phänomen, zumal er an diesem Abend ja wirklich mit mir zu Hause war, in unserer Wohnung in Wien, und wir gemeinsam unsere Freunde bewirteten, die sich erst gegen Mitternacht verabschiedeten.

Wer konnte also diese Fremde gewesen sein, die mir nicht nur bis in die Haarspitzen ähnelte, sondern laut Meinung meiner Eltern sogar ident mit mir war? Existieren wir gleichzeitig auf verschiedenen Raum-Zeit-Ebenen und gab es an diesem Abend in Gföhl durch einen Fehler in der Matrix eine Überschneidung? Oder wird uns allen in unserer Welt – oder Scheinwelt? – eine Wirklichkeit vorgegaukelt, die es gar nicht gibt, und erhaschen wir durch Zufall manchmal einen Blick auf die wahre Realität? Wer weiß es schon so genau!

Die grünen Kinder von Woolpit

Suffolk, Großbritannien

Bericht von Gabriele Hasmann

Eine besonders rätselhafte, aber ebenso umstrittene Geschichte, die auch als urbane Legende gelten kann, ist die der grünen Kinder von Woolpit. Die Ortschaft in Suffolk in England wurde erstmals um 1005 n. Chr. als Wlfpete urkundlich erwähnt und hieß später Vulfputes („Wolfsgrube"). Es handelte sich dabei während des Mittelalters um einen bedeutenden und viel besuchten Wallfahrtsort. Und genau in jener Zeit entstand auch folgende mythische Erzählung.

Im 12. Jahrhundert sollen in Woolpit plötzlich ein Junge und ein Mädchen aufgetaucht sein, die sich im Aussehen stark von den anderen Menschen unterschieden. Ein Schnitter entdeckte das ungewöhnliche Geschwisterpaar zur Erntezeit in einer Grube auf dem Feld und brachte es ins nahe Dorf Woolpit. Die Fremden hatten eine grüne Hautfarbe, waren in seltsame Gewänder mit nicht identifizierbaren Textilien gehüllt und verständigten sich in einer unbekannten Sprache.

Es schien unmöglich, mit den Kindern zu kommunizieren, sie auch nur zu fragen, woher sie stammten und wo sich ihre Angehörigen befänden. Zudem weinten die beiden unentwegt bitterlich und ließen sich nicht beruhigen, wollten auch weder essen noch trinken. Die ratlosen Dorfbewohner übergaben sie daraufhin dem reichen Landbesitzer Ritter Richard of Calne, der versprach, sich der elternlosen Kinder anzunehmen. Er brachte die Geschwister in sein Gutshaus und übergab sie seiner Köchin, einer weisen alten Frau, die sich rührend um die beiden kümmerte. Anfangs verweigerten sie weiterhin die Nahrungsaufnahme, doch die Angestellte blieb hartnäckig und servierte den kleinen Gästen jeden Tag ein anderes Mahl. Als es eines Tages frische Bohnen gab, hellten sich die Mienen der bereits stark abgemagerten Kinder schlagartig auf und sie griffen beherzt zu, verspeisten je zwei Teller voll von den grünen Hülsenfrüchten.

Der Junge erkrankte jedoch eines Tages und verstarb kurz darauf, das Mädchen gewöhnte sich nach einer Trauerphase an sein neues Zuhause. Es aß recht bald am Tisch ihres Ziehvaters, nicht nur Bohnen, sondern auch andere Nahrungsmittel, verlor die grüne Hautfarbe und erlernte die englische Sprache. Nun konnte das Kind auch endlich erzählen, woher es mit seinem Bruder gekommen war: Die beiden stammten aus dem Land „Saint Martin", wo alle Menschen eine grüne Hautfarbe hatten, weil keine Sonne schien und „ewiges Dämmerlicht" herrschte.

Die Bewohner lebten vom Ackerbau und ernährten sich rein vegetarisch. Sie aßen unter anderem grüne Bohnen, aber auch vielerlei andere Gemüsesorten, die in England offenbar gar nicht bekannt waren. Auch das Getreide und die daraus hergestellten Produkte, die das Mädchen aufzählte, gab es in ihrer neuen Heimat nicht.

In „Saint Martin" existierte auch noch eine andere Region mit hellen Lichtern, durch einen sehr breiten Fluss vom eigenen Land getrennt und nur aus der Ferne zu sehen. Doch dorthin konnte man nicht gelangen und durfte es auch nicht versuchen – so wurde es von Generation zu Generation überliefert.

Eines Tages waren die Geschwister damit beschäftigt, auf dem Feld zu arbeiten, als sie eine neue Höhle entdeckten und diese neugierig untersuchten. Als aus der Tiefe plötzlich Glockenläuten ertönte, gingen sie tiefer in das Erdloch hinein und tauchten in der Grube nahe Woolpit wieder auf. Dort wären sie von dem grellen Tageslicht, dem Geräusch der niedersausenden Sicheln und dem Lachen der Feldarbeiter so erschreckt worden, dass sie furchtbare Angst bekommen hätten. Wo genau „Saint Martin" auf der Erde zu finden wäre, konnte das Kind nicht beantworten, wusste nur, dass man dort an Jesus Christus glaubte.

Das Mädchen nahm später den Namen ihres Ziehvaters an, heiratete einen Botschafter von König Heinrich II. und lebte glücklich bis an ihr Lebensende.

Über die Wahrheit dieses Vorkommnisses lässt sich nur spekulieren, im Laufe der Jahrhunderte haben sich einige Theorien herauskristallisiert, aufgestellt von Historikern, Esoterikern und grundsätzlich an solchen Phänomenen Interessierten.

Einige der spekulativen Erklärungen für die Geschichte lauten:

- Die Eltern der Kinder waren flämische Flüchtlinge, die während der Schlacht bei Fornham um 1173 ums Leben kamen. Die Kinder irrten daraufhin traumatisiert umher, fanden kaum Nahrung und litten aus diesem Grund schon bald an Unterernährung. Das könnte eine seltene und extreme Form der Eisenmangelanämie ausgelöst haben, die zur Hautverfärbung führte. Diese Krankheit war im Mittelalter nicht selten und wurde wegen ihres äußeren Erscheinungsbilds auch „Chlorose" genannt. Dazu passen würde die Amnesie der Kinder, die nicht mehr wussten, wie genau sie in die Grube auf dem Feld gekommen waren, und sich aus diesem Grund eine Geschichte zusammenfantasierten, um die Erinnerungslücken zu füllen. Ein weiterer Hinweis wären die Glocken, die das Mädchen erwähnte, die so klangen wie das Geläut der St. Edmund Abtei in Suffolk. Dort in der Nähe hatte sich die Schlacht von Fornham zugetragen.
- Eine andere Meinung lautet, dass ein Graf die zwei Kinder, deren Vormund er war, mit Arsen vergiftet hätte, was ebenfalls die grünliche Verfärbung der Haut erklären würde. Er setzte den Jungen und das Mädchen aus und dachte, sie würden sterben, ehe sie gefunden werden.
- Natürlich darf auch eine Theorie, die Außerirdische betrifft, bei Wesen mit Grünfärbung nicht fehlen. Es heißt, die Kinder hätten den Absturz eines Raumschiffs auf die Erde überlebt oder wären durch einen fehlgeschlagenen Beam-Vorgang versehentlich nach Woolpit gelangt.
- Einer anderen Spekulation nach handelte es sich bei den „grünen Kindern" um Elfen, die zur Strafe für ein schweres Vergehen von feinstofflichen in grobstoffliche Wesen verwandelt und in die irdische Welt geschickt wurden.
- Die meisten Kenner dieses legendenhaften Ereignisses behaupten allerdings, das Geschwisterpaar stammte aus einer Parallelwelt und hätte durch Zufall ein Portal in unsere Dimension entdeckt. Es könnte sich dabei um die Höhle handeln, die das Mädchen erwähnte – die vorher an der Stelle, an der das Geschwisterpaar gefunden worden war, laut Meinung der Feld-

arbeiter nicht existiert hatte. Als man die Grube später gesucht hat, um nachzuschauen, ob es dort Hinweise auf die Identität der Fremden gab, war sie nicht mehr zu finden.

Zu dieser Geschichte kann sich jeder seine eigene Meinung bilden und selbst entscheiden, welchen Grund das Auftauchen der beiden Kinder hatte und woher sie kamen – oder ob es sich doch nur um eine Erfindung einiger fantasiebegabter Menschen im mittelalterlichen Woolpit handelt.

Der mysteriöse Einkauf

Wien, Österreich

Erzählung von K. B.

Ich bin 48 Jahre alt, Mutter einer 14-jährigen Tochter namens Jennifer und glücklich verheiratet. Meinen Job als Anwaltsgehilfin in einer exklusiven Kanzlei in Wien habe ich vor einiger Zeit an den Nagel gehängt, weil er mir zu stressig war, und da mein Mann als Architekt genug verdient, konzentriere ich mich seit meinem Ausstieg aus dem Arbeitsleben voll und ganz auf meine Familie, erledige den Haushalt und kümmere mich um den Lernerfolg unseres Kindes. Nebenbei pflege ich die Beziehungen zu meinen Freunden, für die ich zuvor kaum mehr Zeit hatte, oder lasse es mir bei einer Massage im Kurzentrum oder beim Besuch der Kosmetikerin auch schon mal allein gut gehen.

Aber es gibt auch gewisse Rituale, die ich konsequent einhalte. So setzte ich mich an einem Montagmorgen im Juli 2020, wie jede Woche, schon früh mit einer Tasse Kaffee an den Küchentisch und schrieb eine Liste, um anschließend in einem oder mehreren der nahen Supermärkte die länger haltbaren Grundnahrungsmittel für die ganze Woche einkaufen zu gehen. Die frischen Zutaten für die Mahlzeiten, die ich täglich kochte, besorgte ich bei Bedarf am Markt bei uns um die Ecke.

In aller Ruhe blätterte ich die gesammelten Prospekte durch und schaute, was in welchem Geschäft gerade besonders günstig war und wo es besondere Angebote gab – auch wenn wir uns das Leben gut leisten können, hasse ich es, für ein Produkt unnötig mehr Geld auszugeben als nötig.

Ich weiß noch, dass an diesem Tag sehr schwüles Wetter herrschte, sodass mir mein Kreislauf einige Probleme bereitete. Aber nach einer Dusche mit kühlem Wasser fühlte ich mich fit genug, um den Weg zum nächsten Supermarkt anzutreten. Glücklicherweise gab es dort alles, was ich in dieser Woche benötigte, zu fairen Preisen und ich musste keinen Besuch bei der Filiale einer anderen Großhandelskette einplanen.

In dem Geschäft angekommen, schnappte ich mir den erstbesten Einkaufswagen, der ohne Chip oder Münze verfügbar war, und schob ihn durch die sich automatisch öffnende Glastür. Angenehm klimatisierte Luft empfing mich und versetzte mich sofort in einen Zustand des Wohlbefindens, das von den belanglosen, aber angenehmen Klängen aus den Lautsprechern unterstützt wurde. Ich liebe es, am Montagmorgen einzukaufen – keine quengeligen Kinder, keine genervten Eltern bzw. beides nur zu einem geringen Teil, vom Wochenende her noch halbwegs entspannte Mitarbeiter, zudem frisch angelieferte Ware, die noch nicht von Hunderten Händen angegriffen worden ist. Mir würde es nie einfallen, einen Supermarkt nachmittags oder gar samstags zu betreten, und ich fühle mich privilegiert, es mir aussuchen zu können. Das erwähne ich nur, um zu verdeutlichen, dass es mir in dem Moment, in dem sich mein Leben auf den Kopf stellte, gut ging und ich keinen Stress hatte.

Anfangs schien auch alles wie immer zu sein, doch nach nur etwa einer halben Minute Aufenthalt in dem Laden kam es mir so vor, als würden sich sämtliche Szenen hinter einer fettverschmierten dicken Glasscheibe abspielen: Die Menschen und Gegenstände wirkten irgendwie verschwommen und die Geräusche drangen leicht gedämpft an mein Ohr. Natürlich dachte ich zuerst gleich wieder an meinen Kreislauf, doch ich fühlte mich körperlich wirklich wohl und verspürte keinerlei Schwindel. Ich hatte schon bald den Eindruck, als spielte ich in einem schlechten Film mit, in dem sich die Akteure nach einer Apokalypse in einer Art Schockzustand oder einem Trauma befanden.

Die Personen um mich herum sahen aus, als wären sie hypnotisiert, ihre Blicke waren stumpf und freudlos, alle starrten nur in die Regale oder ihren Einkaufswagen, niemand beachtete die anderen Leute. Gesprochen wurde nur sehr wenig. Als ich versehentlich einen älteren Mann anstieß und mich anschließend wortreich entschuldigte, reagierte er nicht, zuckte nicht einmal mit den Wimpern, als hätte er die Berührung gar nicht gespürt. Mir wurde die Sache richtig unheimlich, doch ich beschloss, zu bleiben und normal einzukaufen, damit meine Familie ein Essen auf den Tisch bekam. Und Lust darauf, noch in ein anderes Geschäft zu gehen, verspürte ich auch keine. Allerdings vergaß ich vor lauter ängstlichem und zugleich neugierigem Beobachten fast, wo sich die benötigten Lebensmittel befanden – obwohl ich mich in dem Supermarkt so gut auskannte wie bei mir daheim.

Doch irgendwann schaffte ich es, die Situation zu ignorieren und unberührt davon meine Erledigungen zu machen. An der Kassa begegnete ich wieder dem älteren Mann, den ich Minuten zuvor angerempelt hatte – er würdigte mich weiterhin keines Blickes. Er stand in der Schlange vor mir, und als er seine Sachen auf das Förderband räumte, rutschte ihm ein Becher Rahm durch die kraftlos zugreifenden Finger und wäre zu Boden gefallen, hätte ich ihn nicht aufgefangen. Doch er dankte mir nicht, schaute mich nicht einmal an, nahm mir den Rahm aus der Hand und stellte ihn zu seinem restlichen Einkauf. Die Kassiererin begann mit unbewegter Miene die Produkte über den Scanner zu ziehen, der in der wattigen Geräuschkulisse auffallend laut piepste. Ich drückte kurz auf die Knorpel an meinen Ohren, um zu kontrollieren, ob diese vielleicht verlegt waren, weil alles so seltsam klang, doch es änderte sich nichts.

Hinter mir weinte ein kleines Kind, das von seiner Mutter mit emotionsloser Stimme beruhigt wurde. Als ich mich umwandte, sah ich die hellblauen Augen eines Mädchens mit blonden Zöpfen, die in Tränen schwammen. Ansonsten konnte ich in dem zarten Gesicht keine Gefühlsregung erkennen. Ich empfand die Situation, die mich an einen Zombiefilm erinnerte, in dem die Darsteller mit stoischem Gesichtsausdruck über die Menschen herfielen, sie töteten und aufaßen, als immer gruseliger. Mittlerweile hatte ich es wirklich schon sehr eilig, den Supermarkt zu verlassen, und hoffte inständig, dass sich im Freien der Zustand wieder normalisierte.

Als ich endlich an der Reihe war, zog die Kassiererin meine Waren über den Scanner und nannte mir mit fast tonloser Stimme die Endsumme, die ich für meinen Einkauf bezahlen sollte. Da stellte ich nach einigem Suchen peinlich berührt fest, dass ich offenbar meine Geldbörse zu Hause liegen gelassen hatte. Ich drehte meine Handtasche noch ein letztes Mal von rechts auf links – ohne dabei, wie sonst eigentlich üblich, missmutiges Gemurre aus der Warteschlange zu hören –, ehe ich den Einkauf mit einer schamvollen Entschuldigung auf den Lippen abbrach.

Ich bat die Kassiererin, die bei meinen Worten nur gleichgültig mit den Schultern zuckte, meinen voll beladenen Wagen auf der Seite abstellen zu dürfen, damit ich später nicht noch einmal von vorne anfangen musste. Sie nickte und deutete mit dem Kopf in eine Ecke hinter sich, wo ich die noch zu bezahlenden Waren deponierte. Ich überlegte kurz, ob ich überhaupt zurückkehren oder nicht doch lieber in einen anderen Supermarkt gehen sollte, entschied mich dann aber dafür, meinen bereits erledigten Einkauf abzuholen – erstens war es sehr heiß und dieses Geschäft befand sich am nächsten zu unserer Wohnung, zweitens wollte ich nicht noch einmal von vorne damit beginnen, alle Produkte zusammenzusammeln, und drittens hätte ich es irgendwie unverschämt gefunden, einfach nicht mehr aufzutauchen, nachdem ich dies bereits angekündigt hatte.

Als ich den Laden verließ, fiel mir sofort auf, dass die Menschen im Freien sich völlig normal verhielten und auch die Geräusche so klangen, wie man es gewohnt war. Erleichtert machte ich mich also zügig auf den Weg und fand die Geldbörse auch tatsächlich daheim auf dem Küchentisch liegend vor. Ich steckte sie rasch ein, ärgerte mich kurz über meine Schusseligkeit, trank ein Glas Wasser zur Erfrischung und eilte wieder zurück zum Supermarkt.

Während ich so durch die Straßen lief, überlegte ich, was der Grund für den merkwürdigen Zustand in dieser Filiale sein konnte. Vielleicht drangen unbemerkt irgendwo irgendwelche Schadstoffe aus, die mit dem Luftstrom der Klimaanlage in der gesamten Halle verteilt wurden, die Leute teilnahmslos machten und sich aufs Gehör schlugen? Sehr unwahrscheinlich, musste ich zugeben. Aber was war dort denn sonst los? Ich beschloss jedenfalls, dieses Geschäft nie wieder aufzusuchen, lieber nahm ich das nächste Mal einen weiteren Weg in Kauf, als so etwas noch einmal zu erleben.

Darüber reden oder den von mir als solchen empfundenen Missstand melden wollte ich nicht, da ich kein Interesse daran hatte, der Großhandelskette Schaden zuzufügen. Zudem war ich eigentlich sicher, dass mir ohnehin niemand glauben würde. „Du schaust zu viele schlechte Filme!" oder „Deine Fantasie ist wieder einmal mit dir durchgegangen und hat dir einen Streich gespielt" – auf solche oder ähnliche Sprüche müsste ich mich wohl einstellen, wenn ich von meinem Erlebnis berichtete, und darauf konnte ich verzichten. Ebenso verspürte ich nicht die geringste Lust darauf, rechtfertigend zu beteuern, dass meine Beobachtungen der Realität entsprachen. Zumindest *meiner* Realität – und dass diese nicht viel mit einer allgemein gültigen Wirklichkeit, die nach meiner heutigen Meinung gar nicht existiert, zu tun hatte, sollte sich kurz darauf noch herausstellen.

Als ich den Supermarkt neuerlich betrat, schaute ich sofort in die Ecke, in der ich etwa 20 Minuten zuvor meinen Einkaufswagen geparkt hatte, doch ich konnte ihn nicht entdecken! Ärgerlich wandte ich mich an die Kassiererin, um nachzufragen, wo mein Einkauf abgeblieben war, doch die junge Frau zuckte nur ratlos mit den Schultern und verneinte meine Frage, ob sie sich nicht an mich erinnerte.

Damit ich nicht noch mehr Zeit verlor, resignierte ich und beschloss, rasch die Lebensmittel noch einmal zu holen, die meine Familie und ich für die folgende Woche benötigten. Während ich durch das Geschäft lief, kam es mir so vor, als würde ich denselben Menschen wie beim ersten Einkauf begegnen, aber ich ging fest davon aus, dass ich mir das nur einbildete. Es herrschte auch dieselbe Atmosphäre wie zuvor: Die Optik zerfloss ganz leicht vor meinen Augen, die Geräusche klangen dumpf wie von weit weg an mein Ohr.

Immer noch wütend, weil man die von mir bereits zusammengetragenen Waren wieder weggeräumt hatte, konzentrierte ich mich aufs Einkaufen. Ich sauste zwischen den Regalen umher, griff nach den benötigten Produkten und kümmerte mich nicht um die Geschehnisse um mich herum.

Als ich bei der Kassa eintraf, saß immer noch dieselbe Kassiererin dort und zog regungslos Produkte über den Scanner. Doch dann stutzte ich, da vor mir in der Schlange wieder der ältere Mann stand, den ich schon von meinem ersten Aufenthalt in dem Supermarkt an diesem Tag kannte. Er räumte seine Waren auf das Förderband, als ihm plötzlich ein Becher Rahm aus den Fingern glitt, den ich neuerlich auffing und den er ohne ein Wort des Danks zu seinem restlichen Einkauf stellte.

Da weinte hinter mir ein Kind, ich drehte mich um und blickte in die blauen Augen des kleinen Mädchens mit den blonden Zöpfen, das in dem Moment von seiner Mutter beruhigt wurde. Ich fand mich in exakt demselben Szenario wieder wie rund eine halbe Stunde zuvor! Hektisch fischte ich in meiner Tasche nach der Geldbörse, fand sie auch, beschloss ruhig zu bleiben und mir die Irritation und die zugleich langsam in mir aufsteigende Panik nicht anmerken zu lassen. Alles an mir muss total steif und künstlich gewirkt haben, weil ich nur noch automatisch funktionierte – und da wurde mir bewusst, dass ich mich nun genauso benahm wie die anderen Kunden in diesem Geschäft.

Ich befand mich offenbar in so etwas wie einer Parallelwelt, die unserer ganz ähnlich, aber doch ein wenig anders war, und vor allem befand ich mich nicht zeitgleich dort. So unbeeindruckt wie möglich schloss ich meinen Einkauf ab, kämpfte gegen den Drang an, wie eine Irre schreiend aus dem Laden zu laufen, verließ den Supermarkt mit kontrolliertem Schritt und eingefrorener Miene.

Daheim angekommen, versuchte ich erst einmal, das Erlebte zu verarbeiten, und schaffte das im Laufe des Tages auch, da ich mich ablenkte und versuchte, die Gedanken an die seltsame Begebenheit zu verdrängen. Ich habe auch tatsächlich niemandem davon erzählt – bis heute. Trotzdem möchte ich anonym bleiben, da ich keine Lust habe, von meiner Familie und meinen Freunden ausgelacht und anschließend jahrelang damit aufgezogen zu werden. Schlimmstenfalls würde man mir vielleicht sogar einen Aufenthalt in „der Geschlossenen" nahelegen.

Ich denke jedoch seit jenem Tag im Juli häufig darüber nach, was damals passiert ist. Vielleicht existiert jeder Mensch mehrmals und jede seiner Entscheidungen führt ihn in eine andere Richtung, sodass jede abgespaltene Persönlichkeit ein eigenes – sehr ähnliches, aber nicht gleiches – Leben führt. Ich wäre somit einmal ohne und einmal mit Geldbörse im Supermarkt gewesen. Aufgrund dieser Überlegung wäre Zeit nicht als eine Linie, sondern als mehrstrahliges oder netzartiges Gebilde vorstellbar. Bleibt zuletzt nur die Frage: Warum haben sich die Leute im Laden wie Zombies verhalten?

Kleine Menschen

Maria Enzersdorf/NÖ, Österreich

Erzählung von A. S.

Ich war immer eine Nachteule, schon von Geburt an: am Morgen hundemüde, egal, wie lange ich geschlafen hatte, immer lustiger und munterer, je später es wurde. Darauf hat allerdings nie jemand Rücksicht genommen, was bedeutete, dass mich meine Eltern als kleines Kind – zumindest für meine Begriffe – abends viel zu früh ins Bett schickten. Es kam daher, wie es kommen musste: Um mich bis zum Einschlafen irgendwie zu beschäftigen, kurbelte ich meine Fantasie in den Stunden davor kräftig an und dachte mir die tollsten Geschichten aus. Daher glaubte man mir auch nicht, als ich als Vierjährige von meinen nächtlichen Besuchen bei mir im Zimmer erzählte, obwohl ich ganz genau weiß, dass die weder erfunden noch eingebildet waren. Ich konnte nämlich stets sehr gut zwischen Wirklichkeit und Traumwelt unterscheiden.

Folgendes hat sich über einen Zeitraum zwischen sechs und acht Monaten einige Male zugetragen: Ich befand mich in meinem Bett, war noch putzmunter und überlegte, wie ich mich still beschäftigen konnte, damit mir nicht langweilig wurde. Wenn mir gar nichts anderes einfiel, drehte ich mich auf den Rücken, stellte die Beine auf und breitete die Decke darüber. So konnte ich die Matchbox-Autos, die ich zu mir ins Bett genommen hatte, den „Berg" hinunterfahren lassen.

Eines Tages jedoch geschah während dieses Spiels etwas höchst Seltsames. Ich spürte auf der anderen Seite der Erhebung, also quasi an meinen Schienbeinen, plötzlich ein leichtes Kribbeln. Es fühlte sich an, als kletterten kleine Tiere von unten Richtung Knie, was ein leichtes Kitzeln verursachte. Da ich keine Angst vor Spinnen oder anderen Insekten habe, war ich höchst gespannt, was in Kürze zu sehen sein würde.

Doch damit, was gleich darauf den „Gipfel" überquerte, hatte ich nicht gerechnet! Winzig kleine Gestalten kamen auf mich zu und marschierten über meine Oberschenkel und den Bauch hinauf in Richtung Brustkorb. Ich befand mich einerseits in Schockstarre, andererseits freute ich mich über diese kuriose Abwechslung – auch wenn mir bereits in diesem Moment klar war, dass mir niemand glauben würde, dass ich eine Begegnung mit Minimenschen gehabt hatte. Ich fühlte mich ein bisschen wie der Protagonist in Jonathan Swifts Roman *Gullivers Reisen*, hoffte aber zugleich, dass diese Wesen bei mir im Bett etwas friedlicher sein würden als die Bewohner von Liliput.

Die winzigen Männer, die sich auf meinen Kopf zubewegten, trugen alte Militäruniformen, die Frauen lange, sehr schöne Kleider und damenhafte Hochsteckfrisuren. Ich kann mich noch erinnern, dass sie mich sehr freundlich begrüßten und sich dafür entschuldigten, auf mir „herumzutrampeln" – wobei ich bei dem Wort „trampeln" kichern musste, da ich ihre Schritte kaum spürte. Ihre Stimmen waren für mich jedoch kaum zu hören; sie schrien zwar beim Reden, was man ihnen ansah, aber ich musste trotzdem angestrengt die Ohren spitzen und konzentriert lauschen, um sie zu verstehen. Doch es gelang.

Die kleinen Besucher zeigten sich sehr interessiert an mir und den anderen Menschen, die ich kannte, stellten mir viele Fragen über mein Leben und die Beziehungen zu anderen Personen in meinem Umfeld. Nach einiger Zeit verabschiedeten sie sich wieder und gingen zurück über den „Berg", überschritten den „Gipfel" und marschierten dann in Richtung meiner Füße. Erst einige Zeit nach der letzten leichten, kitzelnden Berührung wagte ich es, die Beine zu senken – die Minimenschen waren spurlos verschwunden und blieben es auch, trotz akribischer Durchsuchung meines gesamten Zimmers.

Die winzigen Männer und Frauen sind noch einige weitere Male erschienen und wir haben uns immer sehr nett unterhalten. Ich wartete nahezu täglich bzw. abendlich auf sie – leider kamen sie nicht immer, wenn ich mir das wünschte, sonst hätte ich sie nur allzu gern Freunden von mir oder sogar meinen Eltern gezeigt. Sie tauchten eigentlich immer sehr unerwartet auf, vermutlich weil sie eben verhindern wollten, dass ich sie vorführte.

Irgendwann endeten ihre Besuche und ich habe die Liliputs, bei denen es sich meiner Meinung nach um Geschöpfe aus einer Parallelwelt handelte, seither nie wieder gesehen.

Ich betone nochmals, dass es sich bei meinem Erlebnis nicht um die Einbildung eines überaus lebhaften Kindes handelte. Natürlich habe ich mir auch oft Geschichten ausgedacht und Gesprächspartner herbeifantasiert, die mir die Zeit bis zum Einschlafen verkürzten, doch da wusste ich immer, dass diese „unsichtbaren Freunde“ nicht real waren – anders als bei den Minimenschen.

Spurlos verschwunden – wenn die Erde Menschen, Städte und Inseln verschluckt

Nur weil jemand oder etwas spurlos verschwunden ist, hört es nicht einfach auf, zu existieren. Vielleicht sollte daher die Frage nicht lauten, wie es zu dem Phänomen kommen konnte, sondern vielmehr, wo die Landflächen, Menschen oder Gegenstände geblieben sind.

Vor allem bei vermissten Personen gibt es mehrere Theorien, die gängigsten davon sind: Sie sind in einem Zeitloch verschwunden, in einer anderen Dimension gelandet oder wurden von Außerirdischen entführt. Das würde demnach bedeuten, Männer, Frauen und Kinder, die plötzlich nicht mehr auftauchen, könnten auf einer anderen Zeitachse gerade im Mittelalter ihr karges Dasein fristen oder aber – falls sie in die andere Richtung gereist sind – in einer hochtechnisierten, für uns noch utopischen Zukunft ein aufregendes Abenteuer erleben. Ebenso wäre es denkbar, dass sie sich in einer völlig anderen Welt mit einer möglicherweise komplett anderen Realität oder sogar auf einem fremden Planeten zurechtfinden müssen, sobald die Erde sie verschluckt und irgendwo anders wieder ausgespuckt hat.

Doch wie lange können Erwachsene „dort draußen" überleben? Würden sie nicht, beispielsweise im 14. Jahrhundert, als Hexen und Zauberer verfolgt werden, sobald ihre Mitmenschen merken, dass sie die Zukunft kennen und sich auf einem ganz anderen Wissensstand befinden? Oder wie könnten sie sich in einer Parallelwelt zurechtfinden, in der vielleicht alles umgekehrt und gegenteilig ist oder nur telepathisch kommuniziert wird oder die Tiere in der Nahrungskette ganz oben stehen? Auch auf einem anderen Planeten ist der Aufenthalt vermutlich nicht ganz so entspannt, wenn man die Gepflogenheiten der außerterrestrischen Gastgeber nicht kennt und ihre Lebensweise möglicherweise verabscheut. Kinder sind da vermutlich eher in der Lage, sich an die Veränderung anzupassen, in das neue Umfeld einzugliedern und sich den Umständen zu fügen – aber Personen, die vielleicht schon ihr halbes Leben in ihrer Wirklichkeit verbracht haben?

Besonders schaurig ist die Vorstellung, dass die verschwundenen Personen irgendwo zeit- und ausweglos in einer ewigen Dunkelheit schweben, sich überhaupt nicht auskennen, nicht wissen, was mit ihnen passiert, vielleicht sogar glauben, tot zu sein und sich bereits im Jenseits zu befinden. Unter Umständen stimmt das ja sogar.

Natürlich interessiert immer auch das Warum, also aus welchem Grund sich Menschen einfach so in nichts aufzulösen scheinen. Und passiert das wirklich immer unfreiwillig oder sind gewisse Ausstiege sehr sorgfältig geplant?

Die Ursachenforschung ist, sobald lebende, fühlende und denkende Individuen an dem Mysterium beteiligt sind und dieses bewusst manipuliert haben könnten, natürlich immer auf Spekulationen angewiesen – und somit werden viele Rätsel, dieses Phänomen betreffend, wohl für immer ungelöst bleiben.

Jedes Verschwinden und Untergehen sehen wir mit Unzufriedenheit, oft mit der Verwunderung, als ob wir darin etwas im Grunde Unmögliches erlebten.

Friedrich Wilhelm Nietzsche (1844–1900)
deutscher Philosoph, Schriftsteller, Essayist und Lyriker

Atlantis – Mythos der versunkenen Stadt

Irgendwo und nirgendwo

Bericht von Gabriele Hasmann

In einem Kapitel über verschwundene Menschen und Landmassen darf – wenngleich es sich nur um einen Mythos handelt – eine Geschichte über die versunkene Stadt Atlantis nicht fehlen. Nur weil der Beweis für seine einstige Existenz bis heute fehlt, heißt das nicht, dass es das legendäre „verlorene Paradies" nicht irgendwann irgendwo tatsächlich gegeben hat oder man in der Zukunft Spuren davon findet.

Bei Atlantis, glaubt man den Erzählungen, handelte es sich um die prächtigste und zugleich mächtigste Stadt der Welt – bis sie in den Fluten des Ozeans versank. Seit Jahrhunderten suchen Forscher und Hobby-Archäologen nach Münzen, Tonscherben, Schmuckstücken oder anderen Resten dieses Orts, die auf sein einstiges Vorhandensein hindeuten.

Es war allerdings kein betrunkener Matrose, der vor über 2400 Jahren in einer griechischen Spelunke nach einer Flasche Rum von Atlantis erzählte, sondern einer der größten Denker der Geistesgeschichte: kein Geringerer als der Philosoph und Schriftsteller Platon. Er berichtete Mitte des 4. Jahrhunderts v. Chr. in einigen seiner zu Papier gebrachten Dialoge von einer „Stadt aus Silber und Gold", die sich auf einer sagenhaften Insel befand und als erfolgreiche Seemacht große Teile Afrikas und Europas unterwarf, zuletzt im Krieg gegen die idealisierte Landmacht Ur-Athen um 9600 v. Chr. allerdings unterlag. Laut Platon hatten die Götter die Atlantiden auf diese Weise für ihre Gier nach immer mehr Macht und Reichtum bestraft. Im Anschluss an die Niederlage ereignete sich dann die Katastrophe: Nach einem Erdbeben wurde die riesige Landmasse mitsamt ihren Bewohnern vom Ozean überflutet und in die Tiefe gerissen.

Der Name „Atlantis" bedeutet so viel wie „Insel des Atlas". Atlas war in der griechischen Mythologie der älteste Sohn des Meergotts

Poseidon, den dieser mit einer sterblichen Frau gezeugt hatte. Atlas wurde laut Überlieferung die Verantwortung über die legendäre Insel übertragen, während seine Brüder über das übrige Reich herrschen durften.

Es handelte sich bei der versunkenen Stadt vordergründig um einen platonischen Mythos (im Gegensatz zum Logos), wie der bekannte Philosoph mehrere schuf, beispielsweise die vom Kugelmenschen, von Seelenwagen oder von den Menschen in Zikaden-Gestalt. Der weise Mann verpackte seine Gedanken und Anregungen zum Sinn des Lebens in erfundene Geschichten und Gespräche, damit seine Mitmenschen den Inhalt interessanter fanden und besser verstanden. In erster Linie philosophierte Platon dabei, wie ein moderner Staat hinsichtlich Justiz und Gesellschaft funktionieren und wie dessen Bewohner miteinander umgehen sollten. Er lebte vor rund 2400 Jahren in Athen und fand dort optimale Voraussetzungen dafür vor: Die Bürger wählten ihre politischen Vertreter in demokratischen Abstimmungen, Dichter und Denker durften frei ihre Meinung äußern und Künstler feierten Erfolge in großen Freilufttheatern.

Bei Atlantis handelte es sich laut Platon um eine immer von der Sonne beschienene Insel voller grüner Oasen mit Flüssen und Teichen, wo die süßesten Früchte und die buntesten Blumen wuchsen. Es gab ausreichend Nahrung für alle Tiere, für Schmetterlinge ebenso wie für Elefanten, und auch alle Bewohner dieses Schlaraffenlands lebten im Überfluss. Die Stadt war mit einer hohen Mauer umschlossen und von drei runden Wassergräben umgeben, zwei sprudelnde Quellen versorgten Menschen mit kaltem und warmem Wasser. In den Häfen von Atlantis tummelten sich Kaufleute, die regen Handel betrieben und für den Wohlstand der Stadt sorgten.

In der Mitte der ringförmig angelegten Siedlung stand laut Platons Schilderung eine Akropolis und neben ihr ein Poseidon-Tempel mit einer riesigen Statue des Meeresgottes auf einem sechsspännigen Streitwagen. Die ebenfalls im Zentrum befindlichen Königshäuser glänzten silbern im Sonnenlicht, die Zinnen leuchteten sogar in einem satten Gold. Daran angeschlossen befanden sich die Häuser des Volks, die prunkvoll mit Schnitzereien aus Elfenbein und Einlegearbeiten aus Perlmutt und Bernstein ausgestattet waren. Ebenso wurde neben diversen edlen Materialien vielfach auch ein feurig schimmerndes Metall namens „Oreichalkos" eingesetzt, bei dem es sich um Messing (Legierung aus Kupfer und Zink) gehandelt haben dürfte.

Und dieses Paradies wurde laut dem altgriechischen Philosophen „während eines schlimmen Tages und einer unglückseligen Nacht" vom Wasser verschluckt.

Der von Platon sorgsam und bis ins Detail ausgearbeitete Mythos sollte laut zeitgeschichtlicher Interpretation der Verherrlichung der Vergangenheit Athens und zugleich als Mahnung – „Bleibt wachsam, selbst die mächtigsten Staaten können jederzeit untergehen" – dienen.

Er hat jedoch auch zu spekulativen Hypothesen über einen unter Umständen vorhandenen historischen Kern Anlass gegeben und damit immer wieder zu halbwissenschaftlichen Forschungen nach einer möglicherweise doch noch beweisbaren Existenz von Atlantis geführt. Die Gelehrten sind sich nämlich einig: Dieser Mythos ist zu schön, um nicht wahr zu sein!

Die erste Frage, die man sich in diesem Zusammenhang jedoch stellten muss, ist: Wie konnte Platon von der Insel samt der darauf befindlichen Stadt gewusst haben, wenn sie Jahrtausende vor seiner Geburt versunken sein soll?

Die zweite Frage lautet: Wo sind die Überreste? Bei der Suche nach der sagenhaften Landmasse führt eine der Spuren vor die Straße von Gibraltar. Platon schrieb nämlich, Atlantis hätte „jenseits der Säulen des Herakles" im Atlantik gelegen. In der Antike war damit die Meerenge zwischen Europa und Afrika gemeint. Abenteurer, die dort mit U-Booten bereits den Boden des Ozeans abgesucht haben, wurden jedoch nicht fündig und konnten nicht den geringsten Hinweis auf die einstige Existenz der Stadt entdecken.

Andere Hobby-Forscher vermuten Atlantis im Bermuda-Dreieck oder im Schwarzen Meer, wieder andere auf den Azoren rund 1300 Kilometer vor der Küste Portugals. Laut einer anderen Theorie könnte es sich bei dem versunkenen Paradies auch um die ursprünglich deutsche Hochseeinsel Helgoland handeln, die damals von einer riesigen Welle der tobenden Nordsee überschwemmt und später vom Ozean wieder freigegeben wurde – zumindest Teile davon, die heute als rote Felsen aus dem Wasser ragen. Doch keine dieser Annahmen führte zu einem Ergebnis, nämlich dem aussagekräftigen Fund eines Überbleibsels des Paradieses aus dessen längst vergangenen glorreichen Tagen.

Doch nicht nur Hobby-Archäologen, sondern auch Künstler haben sich im Laufe der Jahrhunderte kreativ mit dem Untergang der traumhaften Insel auseinandergesetzt, zu dem Thema Romane geschrieben, Filme gedreht, Lieder getextet und Bilder gemalt. Es existieren darüber hinaus etliche Dokumentationen, welche die Katastrophe von vor über 10 000 Jahren sachlich beleuchten und die neuesten Forschungsergebnisse präsentieren – oder den Mythos als solchen bestätigen und Atlantis ins Reich der Sagen verbannen.

Aber warum nehmen viele Menschen diese Geschichte, die vermutlich nur der Gedankenwelt eines antiken Denkers und Fantasy-Autors namens Platon entsprungen ist, bis heute für bare Münze? Vermutlich deshalb, weil der Philosoph nicht ausdrücklich darauf hingewiesen hat, dass seine Erzählung nur seine Vorstellungen wiedergab und es sich nicht um eine reale Begebenheit handelte – was er üblicherweise bei seinen Texten immer recht deutlich zum Ausdruck brachte. Zudem beschreibt er Atlantis sehr detailreich und genau – was bei einem reinen Gedankenexperiment, das als Mahnung für seine Mitmenschen dienen sollte, nicht notwendig gewesen wäre.

Somit kann man sagen, dass die Möglichkeit besteht, dass es das legendäre Inselreich, so oder ähnlich wie von dem antiken Philosophen äußerst plastisch und fantasievoll dargestellt, tatsächlich gegeben hat; auch wenn das sehr unwahrscheinlich ist und die Existenz von Atlantis somit bis in alle Ewigkeit eines der größten Rätsel der Weltgeschichte bleiben wird.

Der nicht mehr vorhandene Weg

Rossfeld/Bayern, Deutschland

Erzählung von L. E.

Vor einigen Jahren war ich an einem herrlichen Spätsommerabend gegen 22 Uhr auf dem südlichen Teil der Rossfeld-Straße im Nordosten der Berchtesgadener Alpen unterwegs. Nachdem ich beschlossen hatte, eine kleine Pause auf meiner Fahrt einzulegen, stellte ich meinen Wagen ab und überquerte die Straße, auf der in der Sommersaison tagsüber die Touristen in Bussen hinauf zum bekannten Kehlsteinhaus befördert werden. Diese war mit einem erstaunlich gut erhaltenen Asphalt aus den späten 1930er-Jahren bedeckt, den man einige Jahre später wegen – wie es hieß – „gesundheitsgefährdender Inhaltsstoffe“ vollständig entfernte.

Schließlich erreichte ich nach kaum 100 Metern die Stelle, an welcher der in den mir bekannten Wanderkarten so bezeichnete „Berchtesgadener Panorama-Weg“ einen Linksknick macht und südwärts führt. Ich trat auf der linken Seite in das dort befindliche Gehölz, um ein mir wohlbekanntes, mit Backsteinen ausgekleidetes unterirdisches Gewölbe aufzusuchen. Es soll aus jener Zeit stammen, in der dieser Teil des Waldes zwischen Obersalzberg und Kehlstein zum sogenannten „Führersperrbezirk Obersalzberg“ gehörte. Über wenige zerfallene Stufen geht es hinab in den Untergrund.

Im Raum unter der Erde finden sich 16 Säulen, die von der herrschenden Feuchtigkeit und dem Zahn der Zeit schon arg in Mitleidenschaft gezogen sind. Ich weiß nicht mehr genau, wie lange ich mich in diesem Gewölbe aufgehalten habe, vielleicht eine halbe Stunde, maximal eine Stunde. Als ich wieder hinauf ins Freie kletterte, herrschte unveränderte Stille – die in diesem Teil des Bergwaldes fast schon außergewöhnlich ist. Selbst die Geräusche der Natur – mögen es die emsig jagenden und Vorräte sammelnden Tiere, die knarrenden Bäume oder der im Laub raschelnde Wind sein – scheinen an diesem Ort immer deutlich weniger und leiser aufzutreten als in anderen Wäldern des Umlands, und die kenne ich bei Tag und Nacht sowie zu den unterschiedlichsten Jahreszeiten recht gut.

Der asphaltierte „Berchtesgadener Panorama-Weg" liegt nahe diesem Gewölbe, das ich gern aufsuche, wenn ich in der Nähe bin. Sobald man die unterirdischen Räumlichkeiten verlassen hat, muss man sich nur um 180 Grad drehen und befindet sich sofort in der richtigen Richtung. Man kann diese Straße auch gar nicht verfehlen, zumal die Distanz nur wenige Meter beträgt.

Meine Taschenlampe leuchtete durch die Dunkelheit und ich schritt zügig voran, da ich das Gefühl hatte, es würde jeden Moment zu regnen beginnen. Die warme Luft roch nach feuchter Erde und verdorrtem Grün, in der Ferne war leiser Donner zu hören.

Als ich aus dem Wald auf den „Berchtesgadener Panorama-Weg" treten wollte, sah es so aus, als wäre dieser plötzlich verschwunden. Irritiert überprüfte ich alles, was es zu überprüfen gab, wobei der Gewölbe-Eingang als konstanter Orientierungspunkt diente. Dennoch blieb die Straße verschwunden.

Menschen, die alle Phänomene außerhalb ihrer Lebenserfahrung und ihres Weltbilds von sich weisen und rigoros ablehnen, dürften mir nicht glauben, doch ich war sowohl Herr meiner Sinne als auch nicht völlig durch den Wind, da ich mich schon mein gesamtes Leben mit ungewöhnlichen Themen befasse und mich nichts so leicht aus der Fassung bringt. Ich war in diesem Moment ob der vorgefundenen Lage einfach nur verwundert.

Es schien mir, als sei ich beim Austritt aus dem Gewölbe durch eine Art Portal geschritten, das mich in eine Zeit geführt hatte, in der es diesen Weg entweder noch nicht oder nicht mehr gab.

Da ich die Kontrolle behalten und nicht orientierungslos – weder durch die Vergangenheit oder Zukunft noch durch einen finsteren Wald – stolpern wollte, entschloss ich mich, zu dem unterirdischen Raum zurückzukehren und erneut von dort aufzubrechen. Es bestand ja immerhin die Möglichkeit, auch wenn ich es für nahezu ausgeschlossen hielt, dass ich mich verlaufen hatte und irgendwo falsch abgebogen war.

Bei dem Gewölbe schien alles unverändert. Ich betrat es erneut, hielt mich kurz darin auf, rekonstruierte meine Vorgehensweise von vorhin und verließ es kurze Zeit später wieder.

Ein weiteres Mal ging ich zu der Stelle, an der ich üblicherweise aus dem Gehölz auf den „Berchtesgadener Panorama-Weg“ trat – der plötzlich wieder vorhanden war.

Ich wanderte die paar 100 Meter zur Rossfeld-Straße hinüber, wo ich auch meinen Wagen an der Stelle wiederfand, an der ich ihn abgestellt hatte. Als ich das Autoradio einschaltete, bestätigte sich rasch, dass ich auf jeden Fall wieder in meiner Gegenwart und sogar ohne nennenswerten Zeitverlust angekommen war.

Leider blieb es bisher bei diesem einmaligen Erlebnis, sodass ich noch nicht herausfinden konnte, ob man von diesem Gewölbe aus kontrolliert und zielgerichtet durch ein „Portal“ schreiten kann.

Ich hatte allerdings schon zuvor wiederholt Ungewöhnliches im Zusammenhang mit diesem Gewölbe erlebt, am häufigsten trat eine Schärfung der Sinne nach einem Aufenthalt dort ein. Einmal stellte ich im Beisein zweier Bochumer Bekannter fest, dass es in dem Raum ohne erkennbare Lichtquelle zusehends heller wurde. Es steht also zweifelsfrei fest, dass es sich dabei um ein Mysterium mit unterschiedlichen Phänomenen handelt, und ich werde dieses weiterhin zu ergründen versuchen.

Das verlassene Inuit-Dorf

Nunavut, Kanada

Bericht von Gabriele Hasmann

Nahe dem See Angikuni im nordkanadischen Territorium Nunavut, der größten und am wenigsten dicht besiedelten Region des Landes und zugleich einem der abgelegensten Gebiete der Welt, lag einst ein kleines Inuit-Dorf. Diverse Angler und Jäger trieben Handel mit den Bewohnern des Dörfchens oder übernachteten dort auf ihrer Reise durchs Land. Als der Trapper Joe Labelle eines Tages im November 1930 in der Siedlung ankam, hatte er sofort ein eigenartiges Gefühl. Er hörte weder wie üblich lautes Plaudern und herzliches Lachen während des geschäftigen Treibens in den Gassen noch das Gebell der Schlittenhunde, die aufgeregt auf ihren nächsten Ausflug in die Weiten der kanadischen Schneelandschaft warteten.

Der Mann wollte, wie schon viele Male zuvor, seine Felle verkaufen und danach bei Freunden übernachten, ehe er seine Reise fortsetzte. Doch er fand keine Menschenseele vor, obwohl er alle Hütten kontrollierte. In den Quartieren entdeckte er halb fertige Kleidung, in der noch Nadeln steckten, Essen in den Kesseln über den Feuerstellen sowie die Waffen der Männer, obwohl Inuit diese nie freiwillig zurücklassen würden. Die Boote, mit denen die Bewohner üblicherweise auf den See hinausfuhren, um Fische zu fangen, befanden sich ebenfalls noch an Ort und Stelle. Zuletzt fand er noch ein Grab, das kurz zuvor geöffnet worden war, sowie sieben an Bäumen festgebundene und elend verhungerte Huskys.

Die von dem Trapper verständigte Mountain Police Station in Churchill schickte monatelang Truppen auf die Suche nach den Einwohnern, die riesige Landstriche durchkämmten und mit Hubschraubern überflogen, aber ihre Ermittlungen blieben erfolglos. Wieso verließen die Inuit ohne ihre Kleidung, Waffen und Hunde plötzlich ihr Dorf? Wie konnte ein ganzer Stamm, der aus etwa 30 Personen bestand, ohne Kajaks und Schlitten verschwinden?

Bei einer genaueren Untersuchung durch Ermittler der Polizei stellte sich heraus, dass auch die toten Angehörigen der Dorfbewohner nicht mehr in ihren Gräbern lagen.

Laut einem Artikel von Randy Freeman im kanadischen Magazin *UpHere* folgen die Inuit immer den Tieren, die sie jagen – allerdings nur die Männer. Das erklärt nicht das Verschwinden der Frauen und Kinder aus dem Ort im Nunavut-Territorium und schon gar nicht das der Leichen.

Es gab zahlreiche Publikationen zu der Geschichte, beispielsweise veröffentlichte die kanadische Zeitung *The Danville Bee* einen Bericht über das Mysterium. Ebenso wurde das Verschwinden des Stamms 1983 im Buch *Stranger than Science* von Frank Edwards thematisiert, zuvor schrieben Woody Gelman und Barbara Jackson im Jahr 1976 eine Story über den rätselhaften Vorfall.

Das Geheimnis der 30 vermissten Menschen aus dem Dorf nahe dem Angikuni-See konnte bis heute nicht gelüftet werden.

Die Kanadier, die in der Gegend leben, fürchten sich jedenfalls vor einem Geisterspuk in der Gegend, der in Form leuchtender menschlicher Umrisse in so manch klarer Nacht zu sehen sein soll.

Als wären sie nie da gewesen

Rund um den Globus

Bericht von Gabriele Hasmann

Es folgt eine Auswahl der interessantesten Geschichten, die über das spurlose Verschwinden von Menschen, Orten und ganzen Landmassen berichten. Nicht berücksichtigt sind hierbei Geisterschiffe mit nicht mehr auffindbarer Crew bzw. abgestürzte Flugzeuge ohne Passagiere, da es hier plausible Erklärungen für den Verbleib der Überlebenden oder Toten gibt, auch wenn diese nie gefunden wurden. Ebenso nicht erwähnt sind abgängige oder verschollene Personen nach einem (mutmaßlichen) Verbrechen, einem waghalsigen Abenteuer oder gar einem möglichen freiwilligen Untertauchen.

Im Oktober 2007 verschwand eine rund 120 Quadratkilometer große Landmasse, die Sandy Island genannt wurde und sich im Korallenmeer zwischen Australien und Neukaledonien befand, spurlos von der Landkarte. Sie war 1792 von dem französischen Seefahrer Joseph Bruny d'Entrecasteaux entdeckt und das nächste Mal im Jahr 1876 von den Seeleuten auf dem Walfangschiff „Velocity" gesichtet worden. Sie ist auf alten Atlanten verzeichnet, die unter anderem vom US-Geheimdienst CIA als Quelle für deren Existenz angeführt werden.

Auf modernen Satellitenbildern findet sich kein Hinweis auf ein Versinken des Eilandes, beispielsweise nach einem Seebeben; ein Forschungsteam der Universität Sydney fand 2012 an ihrer Stelle nur 1300 Meter tiefen Ozean vor. Sandy Island wurde aus diesem Grund ein Jahr später aus dem Insel-Verzeichnis gelöscht.

Als weitere Phantominsel, die laut Seefahrern einmal existiert haben soll, gilt Hy-Brasil. Sie soll sich im Atlantik nahe Irland befunden haben und erstmalig 1325 von dem spanischen Kartografen Angelino Dalorto auf einer Landkarte eingezeichnet worden sein. 1872 wurde sie das letzte Mal gesehen und ist danach spurlos aus dem Ozean verschwunden.

In Reichenau an der Rax in Niederösterreich befindet sich an der Wartholzstraße ein Marterl, das um 1500 aufgestellt wurde und von dem aus bis ins 18. Jahrhundert der jeweilige Abt des Stiftes Neuberg im Rahmen einer feierlichen Prozession in das Schloss Reichenau geleitet wurde. Auf dem Weg von Reichenau Richtung Schneedörfl befindet sich im Wald eine düstere Grotte, zu der sich nur selten Wanderer verirren. Die Ortsansässigen sagen, dass man im Jahr 1591 an dieser Stelle eine Waldfrau als Hexe auf dem Scheiterhaufen verbrannt habe. Es heißt, dass sich auf der Route zwischen dem Kreuz und der mysteriösen Höhle immer wieder Ausflügler verirren, sonderbare Lichtphänomene beobachtet werden und Zeitsprünge stattfinden. Darüber hinaus sollen Wanderer, die 1962 nahe der Grotte ihr Nachtlager errichtet hatten, spurlos verschwunden sein. In einem ihrer Zelte hat man angeblich eine grässlich verunstaltete Puppe gefunden.

Eine Frau aus Tirol erzählt: „Als ich im Jahr 2011 auf einer Lichtung nahe dem Weg Richtung Wartholzkreuz gepicknickt habe, bin ich kurz eingeschlafen. Als ich wieder aufwachte, lag der verschmutzte Kopf einer Puppe in meinem Schoß."

Im Nordwesten von Schottland liegt in den Äußeren Hebriden eine unbewohnte Gruppe von acht Inseln und zahlreichen Felsentürmen mit einer Gesamtfläche von etwa 59 Hektar. Sie erstreckt sich über 5,5 Kilometer von West nach Ost und 1,9 Kilometer von Nord nach Süd. Auf der Hauptinsel der Gruppe namens Eilean Mòr wurde im Jahr 1899 ein Leuchtturm errichtet. Dabei kam es zu mehreren ungeklärten tödlichen Unfällen. Außerdem verschwanden im Dezember 1900 drei Leuchtturmwärter spurlos von dem Eiland und wurden nie wieder gesehen. Der Fall wurde unter großem medialen Interesse untersucht, konnte allerdings nie aufgeklärt werden.

Ende der 1970er-Jahre fuhren fünf Männer an eine Stelle in der Nähe der hawaiianischen Insel Maui zum Fischen aufs Meer hinaus. Es handelte sich dabei um Benjamin Kalama, Ralph Malaiakini, Scott Moorman, Patrick Woesner und Peter Hanchett. Doch schon bald zog ein heftiger Sturm auf, fegte mit hohem Tempo über das Meer und brachte das Boot „Sarah Jo" zum Kentern. Mehrere Rettungsteams suchten aus der Luft und auf dem Wasser tagelang nach den Verschollenen, doch kein einziger kehrte zurück. Im Jahr 1988 fand der Hund eines Touristen-Ehepaars auf einer rund 3000 Kilometer von der Stelle, an der die Männer sich zuletzt aufgehalten hatten, entfernten Insel beim Graben in einem Sandhaufen eine verweste Leiche. Diese wurde sorgfältig geborgen und untersucht. Es stellte sich heraus, dass es sich bei den sterblichen Überresten um Scott Moormann, einen der Fischer, die seit dem Sturm auf hoher See als vermisst galten, handelte. Der Körper war in einem erstaunlich guten Zustand, der Mann konnte also noch keine zehn Jahre tot sein. Was war passiert? Wo waren die anderen Crew-Mitglieder und wer hatte den Matrosen begraben?

Zu Beginn der 1970er-Jahre war Stonehenge, das berühmte jungsteinzeitliche Bauwerk in der englischen Grafschaft Wiltshire, noch nicht vor öffentlichem Zutritt geschützt wie heute. Es trug sich zu, dass in jener Zeit ein paar Hippies im Zentrum der vor rund 4000 Jahren aufwendig konzipierten Anlage campten. Sie legten einige Decken und Schlafsäcke auf den Boden und krochen nach einer kleinen Feier mit Musik und Alkohol müde in die Federn. Mitten in der Nacht zog ein heftiges Gewitter auf, der Wind fegte über das Areal hinweg, laute Donnerschläge ließen die Erde erbeben und Blitze sollen sogar einige der tonnenschweren Felsblöcke von Stonehenge getroffen haben. Aus der Ferne beobachteten zwei Zeugen, die sich mit ihren Hunden noch im Freien befanden und auf ihrer Position nur die Ausläufer des Unwetters zu spüren bekamen, ein blaues Licht im Inneren des Steinkreises, gefolgt von lautem Geschrei mehrerer Personen. Die Gruppe Hippies ist seitdem wie vom Erdboden verschluckt.

Im Jahr 2011 verschwand der Regisseur Daniel Lind Lagerlöf spurlos von einem Strandabschnitt an der schwedischen Skagerrak-Küste, als er im Tjurpannan-Naturreservat Dreharbeiten zum Kriminalroman *Strandritter* von Camilla Läckberg vorbereiten wollte. Sofort wurde eine Suche nach dem Filmemacher und Familienvater eingeleitet. Dabei fanden die Ermittler an der Küste bei Fjällbacka menschliche Körperteile, die zu jenem Zeitpunkt bereits längere Zeit im Wasser gelegen hatten und demnach nicht die von Lind Lagerlöf sein konnten. Mithilfe von DNA-Analysen gelang es der Polizei anschließend, einen von vier Fällen aufzuklären, die seit 2008 in der Gegend ebenfalls vermisste Personen betrafen. Der Regisseur, der zeit seines Lebens ausschließlich mit der Verfilmung von Krimis beschäftigt war, hatte damit ungewollt zur Aufklärung eines Verbrechens beigetragen. Die Suche nach ihm wurde am 8. Oktober 2011 eingestellt.

Daniel Lind Lagerlöf hat unter anderem einen Roman von Henning Mankell aus der Wallander-Serie sowie zwei Folgen von „Kommissar Beck“ auf den Bildschirm gebracht.

In der niederösterreichischen Stadt Baden südlich von Wien steht am Hauptplatz Nr. 12 ein Gebäude, bei dem es sich einst um ein ehemaliges Flaggschiff der Badener Hotellerie handelte: der frühere Gasthof „Zum Goldenen Hirschen“, zu erkennen an dem Hauszeichen über einem der oberen Fenster. Vor diesem Hotel hielt im 18. Jahrhundert die Postkutsche, mit der auch Gäste aus der Donaumetropole anreisten. Unter diesen befand sich etwa Wolfgang Amadeus Mozart. Er besuchte seine Frau Konstanze, die in Baden kurte, und zog mit seinem lieben Freund Anton Stoll nachts durch die Weinkeller außerhalb der Stadt.

In früheren Zeiten verschwanden laut alten Zeitungsberichten aus dem „Hirschenwirtshaus“ mehrmals ausländische Besucher und tauchten nie mehr wieder auf – weder tot noch lebendig.

Mitte des 19. Jahrhunderts beispielsweise stieg in dem Gasthof eine Adelige aus Galizien mit ihrer 18-jährigen Tochter und deren Gouvernante ab. Eines Tages wurde die junge Frau gegen Mittag dabei beobachtet, wie sie allein die Unterkunft verließ und ängstlich die Straße hinauf und hinunter blickte, bevor sie davoneilte. Sie begab sich schnellen Schrittes durch die Wassergasse stadtauswärts und … ward nie wieder gesehen. Die Komtesse blieb trotz intensiver Suche spurlos verschwunden und tauchte auch nie mehr wieder auf.

Ebenso scheinbar vom Erdboden verschluckt wurde 13 Jahre später ein junger Baron aus der rumänischen Gesandtschaft am russischen Hof. Der junge Mann hatte sich von Wien nach Baden begeben, um dort eine Villa für seine wohlhabenden Dienstgeber zu suchen, und soll sich – laut Angabe der Badener Wirtsleute – sehr über den verantwortungsvollen Auftrag gefreut haben. Angeblich war er sehr fröhlich und immer gut gelaunt, weshalb die örtliche Polizei einen Selbstmord, nach dem man die Leiche womöglich nicht gefunden hätte, ausschloss. Ebenso wie bei der jungen Frau aus Galizien waren sämtliche Unterlagen im Quartier zurückgeblieben, Ausweise und Dokumente, auch die gesamte Bekleidung der Vermissten befanden sich noch in den Schränken in ihren Zimmern.

Die Abgängigkeit der beiden jungen Leute konnte nie aufgeklärt werden.

Hier noch einige weitere ungelöste Fälle aus aller Welt von verschwundenen Menschen, deren Abgängigkeit bis heute als rätselhaft gilt, da ein freiwilliges Untertauchen, Unfall oder Verbrechen von der Polizei so gut wie ausgeschlossen wurde:

Henry Every – englischer Pirat nach seiner Ankunft in Irland (nach Oktober 1696)

Benjamin Bathurst – englischer Diplomat in der Stadt Perleberg, nachdem er aus einem Gebäude getreten war, um Vorbereitungen zur Weiterreise bei seiner Kutsche zu beaufsichtigen (25. November 1809). Sein treuer Begleiter Krause sagte aus, dass Bathurst, der gerade noch neben ihm gestanden hatte, plötzlich nicht mehr da war. Als wäre er vom Erdboden verschluckt worden.

John Lansing – US-amerikanischer Politiker in New York, auf dem Weg, einen Brief aufzugeben (12. Dezember 1829)

Chatschatur Abowjan – armenischer Schriftsteller, der in der Hauptstadt Jerewan nicht mehr in seine Wohnung zurückkehrte (12. April 1848)

Louis Le Prince – französischer Erfinder, Filmpionier und Chemiker, der von Bourges nach Dijon reisen wollte, um dort seinen Bruder zu besuchen. Er stieg in einen Zug nach Paris ein, kam aber nie am Zielbahnhof an (16. September 1890).

Alfred Partikel – deutscher Landschaftsmaler, beim Pilzesuchen im Wald der Gemeinde Ahrenshoop (20. Oktober 1945)

Liane von Gentzkow – deutsche Schriftstellerin, nach dem Verlassen ihrer durch eine Bombe zerstörten Berliner Wohnung (1943)

Niemand weiß, was mit den Menschen geschieht, die von einem Moment auf den anderen spurlos von der Bildfläche verschwinden, niemand war bis heute in der Lage, dieses Rätsel zu lösen.

Missing 411 – verschwunden im Nationalpark

USA und überall auf der Welt

Bericht von Gabriele Hasmann

Der amerikanische Ex-Polizist, Investigativjournalist und Autor David Paulides, der bereits mehrere Bücher unter dem Titel *Missing 411* (die Zahl steht für die ersten 411 Fälle) veröffentlicht hat, forscht seit Jahrzehnten nach vermissten Menschen in Nationalparks – vorwiegend in den USA und Kanada. Er hat mittlerweile rund 1500 mysteriöse Fälle aus 150 Jahren untersucht, die nicht in Zusammenhang mit Selbstmorden, Unfällen, Gewaltdelikten, Drogen oder Tierangriffen stehen. Er konzentriert sich bei seinen Ermittlungen auf die rätselhaften Gemeinsamkeiten der Verbrechen, beispielsweise dass die Menschen von einem Moment auf den anderen verschwinden, teilweise direkt vor den Augen anderer Parkbesucher oder während eines Handytelefonats, die Leichen oft ohne erkennbare Verletzungen an Stellen auftauchen, an welchen die Ermittler und Spürhunde zuvor schon mehrmals gesucht hatten, sich die sauberen und ordentlich gefalteten Kleidungsstücke häufig an einem anderen Ort befinden als deren verstorbene, nackte Besitzer (fast immer jedoch fehlen die Schuhe) und dass die Todesursache in vielen Fällen nicht festgestellt werden kann.

Häufig verschwinden Menschen in der Nähe von Gewässern bzw. tauchen deren Leichen in Seen oder Flüssen auf – von Personen, die drei Wochen lang verschwunden waren, deren Körper aber nur drei Tage lang im Wasser lagen. Wo waren sie die restliche Zeit? Signifikant oft befinden sich in der Nähe der Fundorte auch Beerensträucher.

Ebenso interessant ist die Tatsache, dass es sich bei den Betroffenen in vielen Fällen um entweder geistig und auch körperlich beeinträchtigte oder, im Gegenteil, hochintelligente und körperlich fitte Leute handelte. Eine weitere Merkwürdigkeit stellt der Umstand dar, dass sich zu Beginn der Suche nach den abgängigen Menschen recht häufig die Wetterverhältnisse verschlechtern – entweder gibt es dann von einem Moment auf den anderen starken Nebel, schwere Regenfälle oder plötzlichen Schneefall.

Zudem weisen die meisten der Ereignisse weitere Gemeinsamkeiten auf: Die Vorfälle ereigneten sich zum überwiegenden Teil in insgesamt 28 Regionen zwischen 14 und 17 Uhr und viele Hinterbliebene erhielten in dieser Zeit seltsame Sprachnachrichten mit undefinierbaren Geräuschen und grauenvollen Schreien. Darüber hinaus konnten die eingesetzten Spürhunde häufig keine Fährte aufnehmen und reagierten verwirrt.

Manchmal kehrten die Betroffenen auch wieder zurück, trugen keine Kleidung mehr, sprachen von einem Black-out und gaben an, an einer Stelle wieder zu Bewusstsein gekommen zu sein, wo sie sich zuvor gar nicht aufgehalten hatten.

Es verschwanden jedoch nicht nur einzelne Personen, oftmals tauchten ganze Gruppen nie mehr wieder auf. Es kam sogar vor, dass nur einige aus einer Gruppe von Menschen von einem Moment auf den anderen vermisst wurden und es bis heute geblieben sind.

In der Folge werden einige der bekanntesten Fälle von in Nationalparks in den USA und Kanada verschwundener Leute beschrieben:

Henry McCabe befand sich am „Labor Day“ 2015 – das war in diesem Jahr der 7. September – auf einem Kneipenbesuch mit einem Freund. Diesen bat der 32-Jährige um 2 Uhr nachts, ihn an einer Tankstelle abzusetzen, und versicherte, von dort zu Fuß nach Hause gehen zu wollen, um einen klaren Kopf zu bekommen. Eine halbe Stunde später erhielt Henrys Ehefrau einen Anruf vom Handy ihres Mannes, der jedoch auf der Sprachbox landete, da sie bereits tief und fest schlief. Am nächsten Morgen hörte sie die Nachricht ab, zornig darüber, dass Henry immer noch nicht heimgekehrt war. Doch sie erschrak zutiefst, als sie nicht, wie erwartet, die betrunkene Stimme ihres Gatten vernahm, sondern unheimliche fremdartige Töne und Schreie – danach Stille. Bei der Polizei konnte man die Worte „Stop it!“ aus den Geräuschen herausfiltern.

Acht Wochen später, am 2. November 2015, entdeckten Kajakfahrer in einem Nationalpark den leblosen Körper eines Mannes im Rush Lake bei New Brighton im US-Staat Minnesota. Der Gerichtsmediziner konnte keinerlei Verletzungen am Körper des Opfers entdecken und stellte Ertrinken als Todesursache fest – ein vorangegangener Kampf war auszuschließen, obwohl die Sprachnachricht genau darauf hindeutete. Deren Existenz widersprach zudem jeder Unfall- oder Selbstmordtheorie.

Alfred Beilhartz verschwand am 4. Juli 1938 im Rocky Mountain Nationalpark. Der Fünfjährige zeltete an diesem warmen Sommertag mit seinen Eltern in einer schattigen Ecke des Parks. Der Vater des Jungen begab sich zum Roaring River, einem Nebenfluss des Fall River Colorado, um dort zu baden. Als er zurückkam, fehlte von seinem Sohn jede Spur, was der in einem Buch lesenden Kindesmutter noch gar nicht aufgefallen war. Sie schwor, dass sie Alfred jedoch die ganze Zeit neben sich glucksen gehört hatte.

Sofort wurde eine groß angelegte Suchaktion eingeleitet, an der sich über hundert Mitglieder des zivilen Nationalschutzcorps beteiligten, jedoch ohne Erfolg. Einen Tag später erzählte ein Paar, dass es etwa zehn Kilometer vom Zeltplatz der Familie Beilhartz entfernt gecampt und in der Region „The Devil's Nest" einen dem vermissten Alfred ähnlichen Jungen gesehen hatte. Doch bis die Behörden eintrafen, um die Gegend abzusuchen, war das Kind bereits verschwunden. Zehn Tage lang suchte die Mannschaft mit Spürhunden nach dem Fünfjährigen und musste schließlich aufgeben. Als man ihn später für tot erklärte, wurde aus Mangel an anderen Erkenntnissen „Ertrinken" als Unfallursache in die Akten eingetragen. Die Leiche des Kindes ist aber nie aufgetaucht.

David Gonzales befand sich im Juli 2004 mit seinen Eltern ein paar Tage auf dem Big Bear Lake Campingplatz, gelegen im San-Bernhardino-Nationalpark, auf Urlaub. Der Neunjährige fragte seine Mutter eines Morgens, ob er sich aus dem Auto die dort deponierte Schachtel mit Keksen holen dürfe. Diese willigte ein, drückte ihrem Sohn den Autoschlüssel in die Hand und schaute ihm aus der Blockhütte nach, als er zu dem weniger als 50 Meter entfernten Parkplatz lief.

Nachdem sie sich kurz umgedreht hatte, um ein Elektrogerät abzudrehen, und sich anschließend wieder dem Fenster ihrer Unterkunft zuwandte, war das Kind nicht mehr zu sehen. Sie rannte hinaus und schaute sich panisch um, wobei ihr ein beigefarbener Lastwagen auffiel, der mit quietschenden Reifen davonfuhr. Sie verständigte sofort die Polizei und suchte anschließend die gesamte Umgebung ab, doch von David fehlte jede Spur. Der von der Mutter gesehene Wagen konnte kurz darauf angehalten werden, das Kind aber befand sich nicht darin. Der Lenker gab an, nach einem Blick auf die Uhr festgestellt zu haben, dringend zu einem Termin aufbrechen zu müssen, weshalb er so schnell davongefahren war. Er versicherte anschließend, dass er auf dem Parkplatz nichts Ungewöhnliches wahrgenommen hatte – auch den Jungen nicht, was er allerdings seiner Eile und Konzentration zuschrieb.

Die eingeschalteten Behörden konnten nach einer eingehenden Untersuchung des Areals, speziell im näheren Umfeld der Blockhütte, keine Hinweise auf eine Entführung entdecken und sich auch keinen Reim auf das plötzliche Verschwinden von David machen. Es herrschte ein freier Blick auf den Parkplatz, weshalb dort niemand plötzlich nicht mehr zu sehen sein konnte, da es auch keine Möglichkeit gab, sich zu verstecken.

Das Fahrzeug der Familie war nach wie vor verschlossen, die Schachtel mit den Keksen unangetastet, der Autoschlüssel nicht aufzufinden. Neun Tage später wurde die Suche nach dem Jungen eingestellt.

Etwa ein Jahr später fanden Wanderer in einiger Entfernung des Big Bear Lake Campingplatzes eine Kinderleiche. Es handelte sich um die sterblichen Überreste von David Gonzales. Die Behörden gaben als Todesursache „Angriff eines Berglöwen“ an – obwohl keine Kampf- oder Blutspuren auf dem Parkplatz zu finden gewesen waren und der kleine Körper keine Bisswunden aufwies.

Jeanne Hesselschwerdt und ihr Verlobter Mike Monahan befanden sich am 9. Juli 1995 auf einem Spaziergang durch den Yosemite-

Nationalpark und beschlossen, irgendwo im Nirgendwo haltzumachen, die Umgebung getrennt voneinander zu erkunden und sich in 60 Minuten wieder zu treffen. Die 37-jährige Frau trug eine kurze Hose, ein T-Shirt, Socken und Wanderschuhe, als sie sich von ihrem Freund verabschiedete. Doch sie erschien zum verabredeten Zeitpunkt nicht am ausgemachten Ort und blieb auch nach mehreren Stunden verschwunden.

Ihr Partner suchte daraufhin das Gebiet in dem Teil des Parks ab, in dem die beiden unterwegs gewesen waren, fand jedoch keine Spur von seiner Freundin. Als die Dämmerung hereinbrach, ging er zum Auto zurück, weil er hoffte, sie hätte nur die Orientierung verloren, ihn nicht gefunden und würde beim gemeinsam abgestellten Fahrzeug warten. Mike fand Jeanne jedoch auch dort nicht vor und schlug daraufhin mit dem Autotelefon Alarm.

Hunderte Freiwillige durchkämmten mehrmals ein riesiges Gebiet von 100 Quadratkilometern, fanden aber keine Spur der Vermissten. Helikopter flogen das Areal ab, ebenfalls erfolglos. Auch die mitgeführten Spürhunde waren nicht in der Lage, eine Fährte aufzunehmen. Einzig ein paar Fußspuren, die nachweislich von der Frau stammten und über einen breiten Wanderweg führten, wurden entdeckt.

Drei Monate später fanden Anwohner beim Angeln eine im Wasser treibende, halb verweste Leiche, die nur mit Socken und einem Schuh bekleidet war. Es handelte sich um die abgängige Jeanne Hesselschwerdt. Die Behörden stellten fest, dass das Opfer ohne Kletterausrüstung niemals an diese Stelle hätte gelangen können. Auch durch die Wasserströmung war der Fundort nicht zu erklären, da mehrere Hindernisse den Flusslauf verstellten, den nicht einmal weit kleinere Lebewesen passieren konnten. Der Fall wurde nie aufgeklärt.

James McGrogan verschwand im März 2014 ebenfalls im Yosemite-Nationalpark, nachdem er bei einer Winterwanderung seinen drei Freunden vorausgegangen war. Anders als Jeanne Hesselschwerdt trug der 39-jährige durchtrainierte Arzt jede Menge nützliche Utensilien bei sich und hatte sich auch auf einen längeren Marsch eingestellt: ein Handy, Ersatz-Akku, GPS-Peilsender, Schaufel und Sicherheitsausrüstung. Als der Mann aus dem Blickfeld seiner Sportkumpanen verschwand und danach nicht mehr auftauchte, wurde die Polizei verständigt, die seinen leblosen Körper nach tagelanger Suche in sieben Kilometer Entfernung nahe bei einem Felsvorsprung entdeckte – die Leiche trug allerdings keine Schuhe. Es führten aber keine Fußspuren, die man im Schnee hätte sehen müssen, zu der Fundstelle. Diese fehlten auch oben auf der Klippe, weshalb man einen Sturz oder Sprung, der aus dieser Höhe jedenfalls tödlich gewesen wäre, ebenfalls ausschließen konnte. Auch die Spürhunde hatten keine Fährte gefunden. Handy und Peilsender funktionierten tadellos, dennoch war es der Suchmannschaft nicht möglich gewesen, James telefonisch zu erreichen oder zu orten, obwohl es vollen Netzempfang gab. Das Vorkommnis blieb ein Rätsel.

Chris Thompkins befand sich am 25. Jänner 2002 mit drei Arbeitskollegen auf dem Rückweg zum Auto, als er verschwand. Die vier jungen Männer gingen in einer ländlichen Gegend in einem Abstand von jeweils etwa 15 Metern hintereinander den Seitenstreifen eines Highways am Rand eines Nationalparks entlang. Neben ihnen befand sich ein Stacheldrahtzaun, der ein sumpfiges, unwegsames Privatgrundstück umgab. Der Vorletzte in der Schlange drehte sich immer wieder zu dem 20-jährigen Chris um, um mit ihm zu plaudern, doch plötzlich war dieser nicht mehr da und auch in der Nähe nicht zu sehen. Die entsetzten Männer suchten das Wegstück entlang des Zauns ab, fanden jedoch lediglich einige Münzen und Werkzeuge, die dem Verschwundenen gehört hatten, sowie einen seiner Stiefel. Den zweiten Schuh entdeckte Jahre später der Besitzer des Grundstücks hinter dem Zaun.

Die Tatsache, dass es üblicherweise den Ersten oder Letzten einer Gruppe erwischt, wenn sich diese im Gänsemarsch durch ein Gelände bewegt, veranlasste das US-amerikanische Magazin *Huffington Post* dazu, ihrer Besprechung des 411-Phänomens die Überschrift „Never Be Last in Line“ zu geben: „Geh niemals als Letzter in der Reihe.“

Cullen Finnerty, ein Profi-Footballspieler und Hüne von 120 Kilogramm, hatte sich am Abend des 27. Mai 2013 verabschiedet, um noch ein Weilchen Angeln zu gehen. Als der 30-Jährige gegen halb zehn seine Frau Jennifer anrief, war er panisch und informierte sie darüber, dass er von zwei „seltsamen Individuen" verfolgt würde. Cullen berichtete keuchend, er wolle das Uferareal verlassen und sich seiner Kleidung entledigen. Jennifer erklärte später, ihr Gatte habe „paranoid und verängstigt" geklungen. Dann brach das Telefonat ab. Die verständigten Behörden versuchten, den Sportler über seinen Mobilfunkprovider zu lokalisieren, doch zur Verblüffung der Beamten ergab diese Maßnahme, dass sich Finnerty innerhalb weniger Minuten über mehrere Kilometer bewegt haben musste – in einem unwegsamen, üppig bewachsenen und stellenweise sumpfigen Areal. Man fand seine Leiche am nächsten Tag, die Todesursache ließ sich nicht feststellen. Sein Handy trug er bei sich.

In vielen der vom Buchautor David Paulides zusammengetragenen Fälle reagieren die Behörden auffällig langsam und verständigen Angehörige erst Tage nach dem Auffinden der oder des Verschwundenen. Sie hüllen sich generell in Schweigen, wenn sie zu der mittlerweile extrem hohen Anzahl an verschwundenen Menschen in US-Nationalparks befragt werden, und verweigern konkrete Auskünfte. Auch das FBI und die nationale Parkverwaltung halten sich zurück, als wollten sämtliche Behörden die mysteriösen Vorfälle vertuschen.

Die Parkverwaltung führt laut Paulides nicht einmal eine Liste über die Vermisstenfälle; es sei ein sehr großer Aufwand, diese für ihn anzufertigen, wie ihm mitgeteilt wurde. Der Journalist ist davon überzeugt, dass es eine Aufstellung geben muss, diese aber nicht ausgehändigt wird, um Panik zu vermeiden. Ebenso unbekannt bleiben trotz umfangreicher Forschungsarbeiten und Theorien die verantwortlichen Ermittler hinter den Fällen. Es kam lediglich ans Tageslicht, dass ein FBI-Agent, der für 13 Vermisstenfälle zuständig war, Selbstmord begangen hatte.

Seit dem 19. Jahrhundert sind in den Wäldern und Nationalparks der USA mittlerweile fast 2000 Menschen spurlos verschwunden und nur wenige überwiegend tot, verwirrt oder ohne Erinnerung wieder aufgetaucht. Und keiner hat eine Ahnung, was da vor sich geht, oder gibt eine Erklärung für dieses gruselige Phänomen ab.

Erstaunlich ist auch der Umstand, dass die Betroffenen häufig in Gegenden verschwinden, die ein unheimliches Wort im Namen tragen: Devil's Nest, Devil's Playground, Seven Devils Spring, Hells Gate State Park, Damnation Creek, Satan's Ridge, Monte Diablo, Catastrophe Lake – interessant wäre zu wissen, wie diese Benennungen einst zustande kamen.

Über eine weitere Besonderheit wird häufig von wieder aufgetauchten Kindern berichtet: Sie wollen einen „großen, schweren Mann mit Fell" oder einen „irgendwie anders aussehenden Bären" gesichtet haben, bevor man sie nicht mehr dort fand.

So verbrachte beispielsweise die Familie Curtis den Unabhängigkeitstag des Jahres 1955 in einem Zeltlager im Kootenay-Nationalpark. Am frühen Nachmittag liefen die Kinder aufgeregt zu ihrer Mutter und berichteten, ein Bär sei ins Zelt gekommen, habe ihre kleine Schwester Ida gepackt und sei auf drei Beinen davongelaufen. Der zum selben Zeitpunkt einsetzende heftige Regen, der in einen Schneesturm überging, vernichtete sämtliche Fuß- und Geruchsspuren. Am nächsten Nachmittag fand man das zweijährige Mädchen am gegenüberliegenden Ufer des nahe gelegenen Flusses wieder – völlig unversehrt. Ida erzählte, dass ihr weder kalt gewesen sei, noch hätte ihr „Mama Bär" irgendetwas getan.

David Paulides weist in seinen Büchern aufgrund dahingehender Zeugenaussagen mehrfach auch auf die mögliche Existenz eines Bigfoots hin, der für das Verschwinden der vielen Menschen verantwortlich sein könnte.

Übrigens fand der Autor in amerikanischen Zeitungsarchiven auch Berichte über derartige Vermisstenfälle, die bis in die Mitte des 18. Jahrhunderts zurückreichten.

Im Jahr 1891 beispielsweise konnte der kleine Ottie Powell nur noch tot geborgen werden, nachdem er vom Holzsammeln mit seinen Schulkameraden nicht zurückgekehrt war. Man entdeckte seine unbekleidete Leiche auf dem von steilen Abhängen umgebenen Berggipfel in einem Nationalpark – eine Stelle, die zahlreiche Freiwillige bereits abgesucht hatten. Er war, ebenso wie alle anderen Kinder, zuvor niemals den beschwerlichen Weg bergauf gegangen – warum also genau an diesem Tag?

In den USA verschwindet jedoch nicht nur eine große Anzahl von Menschen in Nationalparks, sondern seit den 1920er-Jahren auch über das ganze Land verstreut von Universitäten – und zwar nach einem weitgehend identen Muster. Viele dieser auf bestimmte Flächen im urbanen Raum konzentrierten Fälle lassen sich mit dem wiederkehrenden Auftreten von Serienmördern, Verrückten oder gar Satanisten erklären, bei manchen müssen sich aber sogar erfahrene Ermittler eingestehen, es mit nichts Geringerem als einem mysteriösen Phänomen zu tun haben.

Bei den Opfern handelt es sich fast ausschließlich um junge weiße Männer, die sich etwa nach einer Party auf den Heimweg machen, aber nie zu Hause ankommen, wochenlang vergebens gesucht und dann in einem Gewässer oder Sumpf – wo man zuvor bereits mehrfach ergebnislos gesucht hatte – als Leiche aufgefunden werden. Nicht alle sterben sofort, nachdem sie sich scheinbar in Luft aufgelöst haben, und es gibt keine Hinweise darauf, wo sich die Betroffenen in der Zwischenzeit aufgehalten haben. Ebenso im Dunklen tappen die Behörden, was die genaue Todesursache angeht. Zudem kommt es vor, dass die jungen Männer Lokale betreten, diese aber nicht mehr verlassen – wie Videos aus den vorhandenen Überwachungskameras belegen. In einigen Fällen trugen die Toten keine Schuhe oder der Körper steckte in einer anderen Kleidung als die noch lebende Person, als sie zuletzt gesehen wurde.

Ein weiteres mysteriöses Verschwinden ereignete sich in Frankreich – es passt deshalb zu den vorherigen Fällen, weil es zahlreiche Parallelen dazu gibt.

Am Nachmittag des 20. Mai 1975 befand sich eine Frau auf dem Weg nach Hause, als sie bemerkte, dass es plötzlich merkwürdig still um sie herum wurde. Hatte sie zuerst noch den Fluss über die Steine plätschern, Windböen durch die Bäume rauschen und die Vögel zwitschern gehört, war nach kurzer Zeit kein einziges Geräusch mehr zu vernehmen und es wehte nicht einmal ein kleines Lüftchen.

Beklommen ging sie weiter, sah sich dabei ängstlich nach allen Seiten hin um und konnte nicht begreifen, was da vor sich ging. Da erschienen plötzlich wie aus dem Nichts zwei Hände, die von oben auf sie niederfuhren und sie packten.

Die Frau erzählte hinterher: „Es gab keinen Körper, keine Gestalt und es wirkte, als hätte man nur auf den richtigen Moment gewartet, um mich zu schnappen. Sie fassten mich am Kopf und zerrten mich einen Pfad entlang in ein Brombeergebüsch. Der Griff war so fest, dass ich mich weder wehren noch schreien konnte, auch das Atmen fiel mir sehr schwer. Dann vernahm ich eine Stimme, die klang, als befände sich der Sprecher unter Wasser, und sagte: ‚Wir haben sie!' Dann hat dieses Wesen seltsam gelacht, das klang total gruselig. Ich fühlte mich benommen und war wie gelähmt."

Sie schilderte weiter, dass ihr Rücken wie Feuer gebrannt hätte und sie mit Schrammen übersät gewesen wäre. „Aus irgendeinem Grund hat der Angreifer dann von mir abgelassen, befand sich aber noch in der Nähe, das habe ich gespürt. Ich konnte mich aber endlich wieder frei bewegen und habe mich umgeschaut, weil ich dachte, ich müsste sehen, wer mir das antat. Doch was ich dann erblickte, verschlug mir erst recht den Atem: Ich sah, wie sich die Grashalme wie unter schweren Schritten bogen und weiter oben die Zweige der Büsche weggeschoben wurden – als würde dort eine unsichtbare Gestalt vorbeigehen. Gott sei Dank bewegte sich das unheimliche Phänomen weg von mir und nicht auf mich zu. Ich wartete noch etwa zehn Minuten und bemerkte dabei, dass ich wieder Geräusche zu hören begann. Endlich fasste ich den Mut, aufzustehen und nach Hause zu laufen."

Mit den anderen genannten Fällen stimmen hier überein: die Nähe zum Wasser, der Wetterumschwung bzw. die Veränderung in der Natur sowie der Beerenstrauch. Interessant im Zusammenhang mit diesem Vorfall in Frankreich, bei dem das Opfer überlebte und darüber berichten kann, ist die Wärmeentwicklung am Rücken. Die könnte nämlich erklären, warum man so viele Tote nackt auffindet: Weil die Betroffenen aufgrund des Hitzegefühls dazu veranlasst werden, sich ihrer Kleidung zu entledigen.

Auch in Portugal hat sich kürzlich eine Art von Missing-411-Fall ereignet, was Mysterien-Forscher in ihrer Annahme bestätigt, dass das Phänomen um sich greift und sukzessive den gesamten Planeten überziehen wird – unabhängig von bestimmten Örtlichkeiten wie Nationalparks oder Universitäten.

Im Juni 2021 verschwand der zweijährige Noah aus dem kleinen Ort Proença-a-Velha in Portugal. Der kleine Junge hatte frühmorgens selbstständig mit dem Familienhund das Elternhaus verlassen und war nicht mehr zurückgekommen. Da es keine Einbruchsspuren gab und das Kind Türklinken bereits allein hinunterdrücken konnte, wurde eine Entführung seitens der Behörden vorerst ausgeschlossen. Große Verwirrung herrschte dann im Laufe der Suchaktion, an der sich 127 Menschen unter anderem aus den Bereichen Feuerwehr, kommunaler Zivilschutz und Bevölkerung beteiligten und bei der auch Drohnen zum Einsatz kamen. Es wurden dabei nämlich nach und nach Kleidungsstücke von Noah gefunden: Zuerst tauchte die Windel auf, danach entdeckte man die Hausschuhe, zuletzt Hemd und Hose des Schlafanzugs. Der Oberteil des Pyjamas lag in der Nähe eines Bachs, war jedoch trocken. Dort stieß die Suchmannschaft dann auch auf den verstörten Hund.

Erst 40 Stunden später fanden Spaziergänger den kleinen Jungen und verständigten sofort die Polizei. Er befand sich etwa vier Kilometer von seinem Zuhause entfernt in einem Waldstück, wies ein paar Kratzer auf, war geschwächt und unterkühlt, aber ansonsten wohlauf. Die Beamten vermuteten, dass das Kind rund zehn Kilometer zu Fuß zurückgelegt hatte, was eigentlich fast unmöglich scheint. Es muss auch stark gefroren haben, da es in dieser Gegend – auch bedingt durch das schlechte Wetter im Frühsommer 2021 – aufgrund der Berge nachts bzw. frühmorgens sehr kalt ist, die Temperaturen lagen nur knapp über null Grad. Warum er sich dennoch seiner Kleidungsstücke entledigte, bleibt rätselhaft. Ebenso, warum der Hund ihn nicht bis zuletzt begleitet hat.

Abschließend drei mysteriöse Abgängigkeiten von Menschen in Deutschland und Österreich, die – zumindest in einigen Details – an die Missing-411-Fälle erinnern:

Am 7. Juni 2021 entdeckte in Bayern eine Passantin gegen 9 Uhr vormittags einen männlichen Leichnam, der kurz vor dem Wasserkraftwerk Nussdorf im Inn trieb. Die umgehend verständigten Einsatzkräfte zogen den Unbekannten, der nur Socken und Bergschuhe trug, aus dem Wasser und brachten ihn in die Gerichtsmedizin. Das Alter des Toten wurde von den ermittelnden Behörden auf etwa 60 Jahre geschätzt, er hatte eine Glatze oder sehr kurz rasierte Haare und eine Gebissvollprothese. Am Handgelenk des Mannes befand sich eine Armbanduhr, um den Hals eine goldene Halskette mit Fischgrätmuster und drei Anhängern mit christlichen Motiven. Hinweise auf ein Gewaltverbrechen lagen laut Aussagen der Kripo Rosenheim keine vor, auch wenn die Todesursache vorerst ungeklärt blieb.

Aber wie bekam der Verstorbene sein Beinkleid – vermutlich eine eher eng anliegende Wanderhose – über die klobigen Schuhe und warum hat er sich überhaupt ausgezogen?

Er lag auch bereits länger im Fluss, war aber offenbar von niemandem vermisst worden.

Am 25. Juli 2012 verschwand der 82-jährige Rentner August W. spurlos von der Bildfläche, seit 14. November 2013 gilt auch seine 49-jährige Lebensgefährtin, die Postbotin Heidi D., als verschollen. Die beiden hatten in derselben Straße im Nürnberger Stadtteil Fischbach in Bayern nur wenige Häuser voneinander entfernt gewohnt.

Der Mann war an dem Tag mit seiner Partnerin mit dem Fahrrad auf einer Tour zum Reichswald unterwegs. Auf dem Rückweg trat er plötzlich laut Aussage von Heidi D. mit aller Kraft in die Pedale und radelte ohne ein Wort der Erklärung davon, bis sie ihn nicht mehr sehen konnte. Die Frau schaffte das Tempo nicht, das August W. vorgab, weshalb sie keine Chance hatte, ihn einzuholen. Später entdeckten Zeugen den Mann, wie er am Eisweiherweg neben dem Fischbach entlangfuhr, doch zu Hause angekommen ist er nie. Auch sein blau-silbernes Damenfahrrad tauchte nicht mehr auf.

Da der Mann regelmäßig Medikamente nehmen musste, startete die Polizei sofort eine groß angelegte Suche inklusive Helikopter und Hunden. Die Vierbeiner fanden dann auch tatsächlich eine Spur, die sie bis zur alten Nürnberger Straße führte, wo sie abrupt endete und auch nicht mehr wieder aufgenommen werden konnte – als hätte sich der Pensionist in Luft aufgelöst. Im Jahr 2018 wurde August W. schließlich offiziell für tot erklärt.

Am 14. November 2013 hörte eine Passantin ganz in der Nähe der Stelle, an der Spaziergänger August W. das letzte Mal gesehen hatten, einen lauten Schrei. An diesem trüben, nasskalten Tag verschwand auch Heidi D., rätselhafterweise war sie ohne Schlüssel, Geld oder Handy aus dem Haus gegangen und nicht mehr zurückgekehrt.

Die Polizei schickte kurz darauf eine Tauchmannschaft in den Eisweiher, fand jedoch keine Leiche bzw. Leichen, auch nicht im nahen Wald, auf den man die Suchaktion ausdehnte. In den folgenden Tagen und Wochen waren zahlreiche Leute von der Feuerwehr sowie Polizeikräfte im Einsatz – ohne Erfolg, das Paar galt weiterhin als vermisst.

Im Mai 2021, neun Jahre nach dem Verschwinden des Pensionisten, entdeckte eine Spaziergängerin Knochen in einem Waldstück in Fischbach – wo die Polizei im Jahr 2012 mehrfach gesucht hatte. Rechtsmedizinische Untersuchungen bestätigten zweifelsfrei, dass es sich bei den menschlichen Überresten um die von August W. handelte. Die polizeilichen Ermittlungen ergaben keine Hinweise auf eine dem Todesfall zugrunde liegende Straftat. Heidi D. wurde bis heute nicht gefunden.

Das letzte Kriminalrätsel in dieser Rubrik wurde in Österreich gelöst – zumindest teilweise.

Am 17. Jänner 2021 telefonierte der 36-jährige Jürgen G. aus Nenzing in Vorarlberg am späten Nachmittag mit seiner Mutter und teilte ihr mit, dass er nach dem Gespräch Geschirr abwaschen und ein Bad nehmen wolle, ehe er zu Bett ging. Doch dann verließ der Installateur aus ungeklärter Ursache seine rund 50 Quadratmeter große Wohnung und verschwand spurlos.

Nachdem die Vermisstenanzeige erstattet worden war, fand man in seiner Wohnung das schmutzige Geschirr von Frühstück und Mittagesse in der Küchenspüle und eine eingelassene Badewanne. Das Handy des Mannes sowie sein iPad lagen auf dem Wohnzimmertisch, mit sich genommen hatte er Schlüssel, Brieftasche und Reisepass.

Einer der vier Brüder des Betroffenen relativierte die Annahme, der Installateur könnte sich ins Ausland abgesetzt haben: „Jürgen besitzt weder Führerschein noch Personalausweis, deshalb hat er den Reisepass immer bei sich getragen, das heißt daher noch lange nicht, dass er Österreich verlassen hat. Außerdem hätte er in diesem Fall doch Geld von seinem Konto behoben, er hielt nicht viel vom virtuellen Zahlungsverkehr – zumal man damit ja auch Fußabdrücke im System hinterlässt, was nicht erwünscht sein kann, wenn man untertauchen möchte."

Bekleidet war der 36-Jährige zum Zeitpunkt seines Verschwindens mit Jeans und der schwarz-gelb gemusterten Jacke eines Fußballvereins.

Eine Suchmannschaft mit Hunden konnte die Spur des Mannes nur bis zum Parkplatz vor seinem Wohnhaus verfolgen, dort löste sie sich in nichts auf.

Seitens der Eltern existierte die Sorge, „dass unser Sohn einem Verbrechen zum Opfer gefallen und entführt worden ist, nun an einem geheimen Ort gefangen gehalten und misshandelt wird. Im schlimmsten Fall bringen sie ihn um." Die Polizei schloss diese Möglichkeit allerdings aus, da die Familie nur wenig Geld besaß. Und Jürgen G. konnte mit seinem Gehalt als Installateur in einem Unternehmen in Nenzing auch keine Reichtümer angehäuft haben.

Der Vorarlberger war Single und hatte zuletzt fast nur Kontakt mit den Eltern, da er sich aufgrund der Ausbreitung des Corona-Virus vor einer Erkrankung fürchtete. „Seine Stimmung litt unter der Situation, er ist früher gern auf Partys gegangen und in Gesellschaft gewesen. Aber einen Selbstmord schließen wir trotzdem aus", so sein Bruder.

Aber was konnte passiert sein?

Vier Monate nach seinem Verschwinden wurde der Installateur in einem Ferienhaus im „Nenzinger Himmel", einem autofreien Naturpark im Gamperdonatal, aufgefunden, als die Polizei einer Anzeige wegen Einbruchsverdachts nachging. Er saß dort in einem der Räume stark unterernährt und dehydriert in einem Sessel. Ermittlungen ergaben, dass er an jenem 17. Jänner einfach von daheim aufgebrochen war und ohne Winterausrüstung und Nahrung die rund

15 Kilometer durch den metertiefen Neuschnee zurückgelegt hatte. Nachdem er sich verletzt hatte, konnte er den weiten Weg nicht mehr zurückgehen und quartierte sich unerlaubt in einem der Ferienhäuser ein.

Er berichtete von der Zeit danach: „In der Folge brach ich unter großen Schmerzen in drei weitere unbewohnte Hütten ein, um mich dort mit Lebensmitteln zu versorgen. Zuletzt konnte ich nicht einmal mehr aufstehen und fürchtete, ganz allein und unbemerkt zu sterben.

Das trügerische Paradies

Floreana/Galapagos-Inseln, Ecuador

Bericht von Gabriele Hasmann

Die 173 Quadratkilometer große Insel liegt im Süden des Galapagos-Archipels im Pazifischen Ozean und gehört politisch zu Ecuador. Früher wurde sie von Piraten als Unterschlupf genutzt und diente zudem mehrmals als Strafkolonie. Der britische Naturforscher Charles Darwin besuchte die Insel im Zuge seiner Weltreise im Jahre 1835 und beschrieb sie in seinem Reisebericht. Eine dauerhafte Besiedelung und ökonomische Nutzung durch Jagd, Viehzucht und Fischfang scheiterte bis ins 20. Jahrhundert, doch ab dem Ende der 1920er-Jahre ließen sich mehrere Gruppen von deutschen Aussteigern auf Floreana nieder, um dort abseits der Zivilisation als Selbstversorger zu leben. Die erste Gruppe bestand aus dem Berliner Arzt Adolf Ritter und seiner Lebensgefährtin, der Lehrerin Dore Strauch, die schon bald als die „neuen Robinsons“ galten. Die beiden hatten sich vor ihrer Abreise aus Deutschland alle Zähne ziehen lassen, um Problemen mit Schmerzen und Entzündungen im Kiefer vorzubeugen. Diverse Krankheiten wollten die beiden „mit der Kraft der Gedanken“ überwinden.

Angeregt durch einen Artikel, den Ritter verfasst hatte, siedelte sich im August 1932 das aus Köln stammende Ehepaar Heinz und Margret Wittmer, gemeinsam mit dem zwölfjährigen Sohn Harry, in dem vermeintlichen Paradies an.

Im Oktober 1932 erreichte die dritte Gruppe die Insel, darunter die mutmaßliche Hochstaplerin „Baronin“ Eloise Wagner de Bousquet aus Österreich. Begleitet wurde sie von zwei Männern deutscher Herkunft, die beide offenkundig in intimer Beziehung zu der „Adeligen“ standen: Rudolf Lorenz, der davor gemeinsam mit der Dame ein Geschäft namens „Antoinette“ in Paris geleitet und in den Konkurs geführt hatte, und Robert „Bubi“ Philippson aus Berlin. Einige Begleiter dieser Gruppe, darunter ein Dienstbote aus Ecuador, verließen Floreana bald wieder.

Die „Baronin“ wollte auf der Insel ein Luxushotel errichten, brachte letztlich aber nur eine Wellblechhütte mit zwei Räumen zustande, die sie „Hacienda Paradiso“ nannte und kräftig Werbung dafür betrieb. Vor allem die Anwesenheit der beiden schrillen Persönlichkeiten, des „philosophischen Robinson“ und der selbst ernannten „Kaiserin von Floreana“, lockte in der Folge immer wieder neugierige Besucher an, vorwiegend wohlhabende US-amerikanische Jachtbesitzer, welche die weitab von jeder Zivilisation lebende Aussteigerkolonie auch reich beschenkten.

Zunehmend mehrten sich jedoch die Konflikte auf der Insel – nicht nur zwischen zwei der drei Gruppen, sondern auch innerhalb derselben. Es kam immer wieder zu verbalen Auseinandersetzungen, später auch zu Misshandlungen und Verletzungen. Die meisten Übergriffe gingen von der herrischen „Adeligen“ aus, schriftliche Gesuche von Adolf Ritter an die ecuadorianischen Behörden führten jedoch zu keiner Verbesserung der Lage.

Im März 1934 verschwanden zuerst Eloise Wagner de Bousquet und Robert Philippson spurlos, nachdem die falsche Edeldame herumerzählt hatte, sie und ihr Freund wollten mit einer Jacht die Insel verlassen. Rudolf Lorenz verkaufte daraufhin das gesamte Eigentum seiner Gruppe an die anderen Inselbewohner und verabschiedete sich kurz darauf. Er bestieg den Kahn eines norwegischen Fischers, der ihn nach San Cristóbal bringen sollte, aber auf See kenterte. Die beiden Männer konnten sich allerdings mit dem Rettungsboot auf die Insel Marchena retten, wo sie jedoch schon bald darauf aus ungeklärten Gründen verstarben. Zuvor hatten sie sich von Robbenblut und rohem Fleisch ernährt, um zu überleben. Der zwölfjährige ecuadorianische Schiffsjunge des Fischers wurde nie gefunden.

Im November 1934 verstarb Friedrich Ritter – entweder durch Bakterien nach dem Verzehr von verdorbenem Hühnerfleisch oder durch eine von einem anderen Siedler herbeigeführte Vergiftung. Letzteres schien erheblich glaubwürdiger, zumal die beim Eintreten des Todes anwesende Margret Wittmer aussagte, der Sterbende hätte noch mit letzter Kraft in Richtung von Dore Strauch den Satz „Ich verfluche dich im letzten Augenblick“ formuliert. Auf sie fiel auch der Verdacht, doch ihr Verhör durch die ecuadorianischen Behörden stellte sich als Farce heraus – trotz Wittmers Zeugenaussage. Sie konnte die Insel im Dezember Richtung Deutschland verlassen, starb dann wenig später in Berlin an den Folgen einer Herzerkrankung mit nur 41 Jahren. Harry Wittmer aus der zweiten Gruppe ertrank 1951 vor Floreana bei einem Bootsunglück, sein Vater Heinz verstarb ebendort 1963 an den Auswirkungen eines Gehirnschlags.

Besonders die Tatenlosigkeit der Polizei auf dem Festland fiel zunehmend auf, wodurch die rätselhaften Vorkommnisse um die Gruppe von europäischen „Aussteigern" weltweit ein riesiges mediales Interesse auslösten. Es erschienen auch Bücher über die „Galapagos-Affäre", teilweise von den (ehemaligen) Siedlern selbst verfasst.

Vor allem der mysteriöse Vermisstenfall von Eloise Wagner de Bousquet und Robert Philippson beschäftigte die Menschen, weshalb im Juli 1938 sogar Präsident Franklin D. Roosevelt im Zuge einer Südamerikareise vor Floreana ankerte, um das Ehepaar Wittmer zu den Vorfällen zu befragen, das er allerdings nicht in ihrem Haus antraf. Er erkundigte sich Tage später, aus Sorge, dass auch die Deutschen spurlos verschwunden waren, ob die beiden sich noch auf der Insel aufhielten. Und das taten sie, hatten sich nur zum Zeitpunkt des hohen Besuchs auf Nahrungssuche befunden.

Laut eingehender Recherche einiger Journalisten dürfte es die von der „Baronin" erwähnte Jacht, mit der sie und ihr Freund die Insel verlassen wollten, nie gegeben haben. Das Schiff wurde von keinem der Siedler gesichtet und es existieren keine Berichte über offizielle Schiffsbewegungen auf dem Archipel zu dieser Zeit. Da die beiden nie mehr wieder irgendwo auftauchten, wurde auch nach untergegangenen Jachten geforscht, doch gab es in dieser Region im gesamten Jahr kein einziges gekentertes Schiff.

Ein Mordanschlag kann vermutlich ausgeschlossen werden, da die übrigen Siedler nach dem Verschwinden von Eloise Wagner de Bousquet und Robert Philippson jeden Teil von Floreana nach den beiden absuchten – darüber berichteten Besucher, die sich ab Mai 1934 zwei Monate lang dort aufhielten. Das taten die Inselbewohner vermutlich weniger aus Sorge um das bei den meisten anderen verhasste Paar als aus Angst, dieses könnte sich irgendwo verstecken, um die anderen in Sicherheit zu wiegen und einen Überraschungsangriff mit Mordabsicht zu planen. Es könnte auch sein, dass alle anderen gemeinsam das Verbrechen an den beiden begingen und die Leichen vergruben oder als Haifutter ins Meer warfen. Doch warum haben sie dann wochenlang nach den Vermissten gesucht?

Margret Wittmer aus der zweiten Gruppe überlebte alle anderen um Jahrzehnte: Sie verstarb am 21. März 2000 im Alter von beinahe 96 Jahren auf Floreana. Dort betreiben ihre Nachkommen heute in Puerto Velasco Ibarra ein Hotel und ein Bootsunternehmen für Touristen. Die Insel hat mittlerweile, infolge einer gezielt betriebenen Niederlassungspolitik der ecuadorianischen Regierung, etwa hundert Bewohner. Neue Ansiedelungen im Paradies werden allerdings seit geraumer Zeit auf dem gesamten Galapagos-Archipel aus Umweltschutzgründen von den Behörden nicht mehr zugelassen.

Vermisst am Kreuzfahrtschiff

Auf See

Bericht von Gabriele Hasmann

Im Schnitt verschwinden jährlich 20 Passagiere von Bord eines Kreuzfahrtschiffes, ein Teil davon begeht Suizid, ein anderer Teil wird Opfer von Unfällen, häufig zurückzuführen auf Alkoholmissbrauch. Selten, aber doch passiert auch ein Mord, bei dem die tote Person über die Reling ins Wasser geworfen wird. Doch in rund 30 Prozent der Fälle gibt es keine Anhaltspunkte oder Erklärungen für die Vorfälle, weder seitens der Angehörigen dieser Menschen noch der anderen Passagiere noch der Polizei.

Auf Anfragen von Journalisten reagieren die Reedereien gar nicht oder nur sehr kurz angebunden, es heißt dann häufig lapidar und sehr schwammig: „Die Sicherheit unserer Gäste hat für uns oberste Priorität!" und „Unsere Sicherheitsvorkehrungen, etwa die einheitliche Mindesthöhe der Reling, garantieren, dass niemand ins Wasser stürzen kann, der sich verantwortungsvoll verhält." Bei Kreuzfahrten handelt es sich nach außen hin um ein luxuriöses Wohlfühlprodukt, da will man sich negative Schlagzeilen keinesfalls leisten. Es existiert zwar ein automatisches Notfallsystem namens „Mann über Bord", doch dafür gibt es keine internationalen Standards und es ist auch nicht verpflichtend.

Da diese Sicherheitsmaßnahme auf vielen Kreuzfahrtschiffen nicht installiert ist, kann es Stunden dauern, bis die Abgängigkeit einer Person bemerkt wird. Da Strafen von 250 000 US-Dollar über eine Reederei verhängt werden, wenn das Verschwinden eines Passagiers nicht innerhalb von vier Stunden gemeldet wird, wird dann häufig mit Zeitangaben getrickst – um eben im Rahmen dieser vier Stunden zu bleiben.

Es ist laut Zeugenaussagen auch schon vorgekommen, dass die Crew an Bord Begleiter einer mutmaßlich über Bord gegangenen Person zu überreden versucht hat, bei der Polizei anzugeben, dass

ein Selbstmord wahrscheinlich ist – damit man nicht auf die Idee kommt, die Reederei zu Umbaumaßnahmen zu zwingen, die mehr Sicherheit garantieren würden. Es geht also mehr ums Geld als um die Unversehrtheit von Kreuzfahrtteilnehmern. Für die Hinterbliebenen bleibt die quälende Ungewissheit.

Ein Mann, der ein solches Schicksal erlitt, ist der US-Amerikaner John Carter. Seine Tochter Kathy verschwand Anfang September 2004 von einem Kreuzfahrtschiff. In einem Interview sagte er einmal, er hätte nicht nur darunter gelitten, unter mysteriösen Umständen einen geliebten Menschen verloren zu haben, sondern auch darunter, dass die Reederei mit allen Mitteln versucht habe, den Vorfall zu vertuschen.

Alles begann damit, dass Carters Tochter ab 1. September nicht mehr telefonisch zu erreichen war. Der Vater wusste, dass sie ein Ticket für eine Reise auf einem Kreuzfahrtschiff gekauft hatte, und rief in seiner Sorge bei der Reederei an, die ihm bestätigte, dass Kathy an Bord gegangen war. Allerdings gaben sie auch nach einigem Nachhaken an, dass sie ihre Kabine laut Personal seit der zweiten Nacht nicht mehr benutzt hatte. Der Mann verständigte die Polizei, die mit ihren Ermittlungen begann. Es stellte sich heraus, dass die Reederei alles erdenklich Mögliche unternahm, um die Untersuchung des Falls zu behindern. So behauptete sie beispielsweise, dass die Videos von den Kameras an Bord längst überspielt waren. Der trauernde Vater engagierte in der Folge einen Privatdetektiv und reichte zugleich Klage ein, weil er sich von der milliardenschweren Maschinerie dieses mächtigen Unternehmens nicht kleinkriegen lassen wollten.

Viereinhalb Monate später sagte der für Kathys Kabine zuständige Steward aus, dass er die Abgängigkeit der jungen Frau bereits nach zwei Tagen gemeldet habe, von seinem Vorgesetzten aber angehalten worden sei, „die Sache zu vergessen“ und die persönlichen Gegenstände der Vermissten nach einer „angemessenen Frist“ zu „entsorgen“.

Spätere Untersuchungen und Aussagen anderer Passagiere ergaben: Das Mädchen verließ gegen 15 Uhr das Fitness-Studio auf dem Luxusliner, um sich auf den Weg in den Spa-Bereich zu machen, in dem sie nie ankam. Kathy Carter hatte sich buchstäblich vor den

Augen der Mitreisenden in Luft aufgelöst und niemandem war es aufgefallen! Alle Menschen, die an diesem Tag noch mit ihr zu tun gehabt hatten, sagten übereinstimmend aus, dass sie äußerst gut gelaunt gewesen sei und sich darauf freute, dass im nächsten Hafen ihr Verlobter Robin an Bord kommen wollte. Diese Aussage erwies sich als richtig, doch auch der junge Mann konnte keine näheren Angaben zu dem rätselhaften Vorfall rund um seine Freundin machen. Er berichtete: „Wir haben noch am Vormittag miteinander telefoniert und uns auf das Wiedersehen gefreut. Ich konnte nicht von Anfang an dabei sein, weil ich noch geschäftliche Dinge erledigen musste."

Ein anderer Vater, dessen Tochter Merrian ebenfalls von einem Schiff verschwand, hat die „International Cruise Victims"-Organisation gegründet. Es handelt sich dabei um eine Vereinigung, die laut Darstellung von Kendall Carver die Opfer der Kreuzfahrt-Industrie vertritt. Auf der Plattform können sich die Angehörigen informieren, miteinander trauern und sich gegenseitig unterstützen. Es finden sich in der Community allerdings höchst selten Menschen mit einem so plakativen Fall von mysteriöser Abgängigkeit wie dem von Kathy Carter.

Das Bermuda-Dreieck

Bermuda-Inseln – Süd-Florida – Puerto Rico

Bericht von Gabriele Hasmann

In den Medien bekannt ist das Bermuda-Dreieck – je nach Definition 1,3 bis 3,9 Millionen Quadratkilometer groß –, gelegen in der sogenannten Sargassosee nördlich der Karibik zwischen den gleichnamigen Inseln sowie Süd-Florida und Puerto Rico, aufgrund eines mysteriösen Phänomens: Seit Jahrzehnten verschwinden in diesem Teil des Atlantiks Schiffe und Flugzeuge samt Crew und Passagieren spurlos – mindestens 50 Schiffe und 20 Flugzeuge wurden bisher gezählt.

Als Synonym für die unerklärlichen Vorkommnisse verwendet man den Begriff „Bermuda-Dreieck", seit ihn George Sand 1952 in einem Artikel im Magazin *Fate* prägte – ein Mythos war geschaffen.

Seinen Höhepunkt erreichte das Interesse der Öffentlichkeit an den Ereignissen in dem auch als „Teufelsdreieck" bezeichneten Areal im Ozean im Jahr 1974, als die beiden Autoren Charles Berlitz und J. Manson Valentine mit ihrem Buch *The Bermuda Triangle* einen Bestseller landeten, der weltweit Millionenauflagen erzielte.

Laut Skeptikern ist die Zahl der Katastrophen im Bermuda-Dreieck nicht signifikant hoch. Viele der abgängigen Schiffe seien im Sturm gesunken und die Flugzeuge nach einem Maschinendefekt ins Meer gestürzt – obwohl die meisten davon von einer Minute auf die andere vom Radar verschwanden, ohne zuvor ein Notsignal abgesetzt zu haben. Auch für die unbestrittene Tatsache, dass in der jüngeren Vergangenheit aus der Luft immer wieder vergeblich nach den vielen Wracks im Ozean Ausschau gehalten wurde, haben Zweifler eine rationale Begründung: Die Erklärung für die nur spärlich gefundenen Teile, die sich bei Weitem nicht mit der Anzahl der in dem Gebiet verschwundenen Schiffe und Flugzeuge decken, sei, dass diese durch die schnelle Strömung des Golfstroms auseinandergerissen, abgetrieben, später gesunken und mit Treibsand bedeckt worden wären.

Aufgrund der vielen kritischen Stimmen, die nicht an ein paranormales Phänomen glauben, ist es nicht verwunderlich, dass ein Jahr nach dem ersten Buch über das Bermuda-Dreieck ein Werk mit dem Titel *The Bermuda Triangle Mystery – Solved!*, verfasst von Lawrence Kusche, erschien. Darin wird mit einer Reihe von Vermutungen, Halbwahrheiten und Dazuerfundenem aufgeräumt und aufgezeigt, dass es sich stets um mehr oder minder erklärbare Unfälle handelte. Aber eben nicht in allen Fällen … Es bleiben genug übrig, die bis heute als „not solved" und somit als Mysterium gelten – natürlich nur bei den Menschen, die an unerklärbare Vorkommnisse auf dieser Erde glauben!

Ähnlich wie bei den Missing-411-Fällen, bei welchen Menschen aus nicht nachvollziehbaren Gründen nie mehr wieder bzw. leblos wieder auftauchen, ähneln sich die Abläufe beim Verschwinden der Schiffe und Flugzeuge im „Friedhof des Atlantiks" auffallend: Es herrschte stets klares Wetter und ruhige See, nichts deutete darauf hin, dass der tiefe schwarze Ozean kurz darauf innerhalb von Minuten massige, stabile Transportmittel verschlucken würde.

Trotz erfahrener Mannschaften an Bord gelang es nicht, die Passagiere im Zuge einer Notfallbergungsaktion zu retten. In manchen Fällen trieben Geisterschiffe oder Wrackteile auf dem Atlantik. Manchmal konnten die Kapitäne oder Piloten noch seltsame und unklare Funksprüche absetzen, ehe jeder Kontakt zu den Luft- und Wasserfahrzeugen abbrach.

Als mysteriöse Gründe für die geheimnisvollen Ereignisse werden beispielsweise Kraftfelder genannt, die von dem versunkenen Kontinent Atlantis ausgehen, oder eine Entführung durch Außerirdische.

Weitere Erklärungen stützen sich auf die Berichte Überlebender, wonach im Bermuda-Dreieck urplötzlich hellgrüne Nebelwolken aufziehen, von welchen eine starke Kraft ausgehen soll, weshalb Uhren stehen bleiben, Kompasse verrücktspielen und Maschinen sich selbst ausschalten. Fest steht, dass die Gefahr tatsächlich schnell kommt, wie zahlreiche Funksprüche belegen.

Es existieren darüber hinaus aber auch noch weit realistischere Erklärungsversuche im Rahmen der Ursachenforschung. Hierzu zählen:

- Methangas in den Tiefen des Meeres, das bei bestimmten Temperaturen in vielen winzigen Blasen zur Wasseroberfläche aufsteigt und darüber befindliche Konstrukte plötzlich und rasch nach unten zieht.
- Aufgrund von Anomalien des Erdmagnetfelds könnten Kompasse versagen bzw. verrücktspielen und eine Positionsbestimmung unmöglich machen.
- Monsterwellen und/oder plötzlich auftretende Sturmböen, die in diesem Gebiet tatsächlich nachgewiesen sind – was allerdings nicht das Verschwinden von Flugzeugen erklärt. Ähnlich verhält es sich mit Monsterkraken, die ebenfalls bereits verdächtigt wurden.
- Infraschall, der durch extreme Wetterkapriolen entsteht und Menschen in Angstzustände versetzen kann. Das würde Panik und nicht rational begründbare Reaktionen von Crew-Mitgliedern erklären. Infraschall breitet sich laut Forschung unter Umständen über große Entfernungen aus, womit auch Havarien in Regionen mit gutem Wetter möglich wären.
- Früher waren Kapitäne und Piloten nicht so gut ausgebildet und ausgerüstet, weshalb in manchen Fällen „menschliches Versagen" als Begründung gelten kann.

In der Folge nun eine Auswahl der bekanntesten Vorfälle im Bermuda-Dreieck:

USS Cyclops (Kohleschiff)
Das Kohleschiff USS Cyclops, ein Frachter der US-Navy, verschwand am 4. März 1918 nach dem Auslaufen aus Barbados im Gebiet des Bermuda-Dreiecks. Die Mannschaft hatte keine Probleme gemeldet, der Funkverkehr bestand bis zuletzt und war unauffällig. Die Umstände, die zum Abhandenkommen des Schiffes geführt haben, gelten bis heute als ungeklärt. Eine der Annahmen lautet, es könnte falsch beladen gewesen und aus diesem Grund im aufkommenden Sturm gesunken sein. Ebenso wäre ein Maschinenschaden möglich, der es dem Frachter unmöglich gemacht hat, den hohen Wellen über einen längeren Zeitraum hinweg standzuhalten. Von der

USS Cyclops und den 306 Menschen an Bord fehlt bis heute jede Spur, es wurden weder Leichen noch Wrackteile gefunden.

Flug 19 (Militärflugzeuge)
Bei diesem Vorfall handelt es sich um den bestdokumentierten und meisterwähnten Fall in der gesamten Geschichte des Bermuda-Dreiecks. Am 5. Dezember 1945 verschwanden fünf amerikanische Bomber und ein Suchflugzeug spurlos vom Himmel und tauchten nie mehr wieder auf. Die Maschinen samt den Piloten gelten bis heute als vermisst.

Die fünf Bomber mit ihrem Ausbilder Lieutenant Charles Taylor, der dieses Gebiet zum ersten Mal überflog, funkten während des Trainingsflugs östlich von Florida, dass sie sich verirrt hätten. Den Funkpeilungen zufolge hielten sie sich im Norden der Bahamas auf, als ihnen vermutlich der Treibstoff ausging. Es könnte anschließend eine Notwasserung erfolgt sein, doch zum fraglichen Zeitpunkt herrschten in der Region hohe Windgeschwindigkeiten und demzufolge ein schwerer Seegang mit meterhohen Wellen. Nachdem sich das Wetter beruhigt hatte, begann man mit der Suche nach den verloren gegangenen Flugzeugen samt Besatzung, doch es konnte keine Spur entdeckt werden. Man vermutete, wo sie sich aufhalten mussten, doch entdeckt hat man sie nicht. Eine der Maschinen, die nach den Bombern Ausschau hielt, verschwand ebenfalls spurlos. An der Stelle, an der sie vermutlich abstürzte, schwamm auf dem Ozean eine große Öllache, aber weder der Flieger noch der Pilot tauchten jemals wieder auf.

Folgender Bericht wurde dazu später veröffentlicht:

Charles Taylor wollte an diesem kalten Dezembertag des Jahres 1945 nicht ins Cockpit steigen. „Kann nicht ein anderer Ausbilder die Trainingsrunde übernehmen?", wollte der Fluglehrer im amerikanischen Marinestützpunkt Fort Lauderdale in Florida von seinen Vorgesetzten wissen. Der junge Mann war neu und kannte das Flugziel, eine Inselgruppe östlich Floridas, noch nicht. Doch die Antwort lautet: „Nein! Du musst das Gebiet besser kennenlernen!" Taylor fügte sich, besprach mit seinem Team das Wetter, wies die 13 Männer in den Dreieckskurs, den sie über dem Atlantik fliegen sollten, ein und gab dann das Startsignal. Punkt 14 Uhr 10 hoben die fünf Torpedo-Bomber ab. Zunächst verlief alles wie geplant, doch eine halbe Stunde vor der Landung meldete der Trainingsflug Nummer 19 Probleme.

Zunächst funkte der Lieutenant panisch an den Tower: „Wir sind vom Kurs abgekommen! Es ist kein Land mehr zu sehen und meine beiden Kompasse sind ausgefallen.“ Kurz darauf entbrannte ein Streit zwischen dem Ausbilder und seinen Schülern: Taylor wollte nach Osten fliegen, um zum Stützpunkt zurückzukehren, seine Piloten waren der Meinung, sie hielten sich östlich von Florida über dem offenen Meer auf und müssten den Kurs nach Westen einschlagen. Im Zickzack irrten die Flieger in der Folge über den Ozean. Und dann erklang der abgehackte Funkspruch, der in die Geschichte eingehen sollte: „Wir sind nicht sicher, wo Westen ist. Alles ist so anders ... so seltsam ... nicht einmal der Ozean sieht aus, wie er aussehen sollte ...“ Danach herrschte Stille.

Augenblicklich schickte die Kommandozentrale ein Suchflugzeug los. Als sich dieses jedoch dem Punkt näherte, von dem die letzten Funksignale der Bomber stammten, verschwand es von einer Sekunde auf die andere vom Radar. Die Besatzung gab kein Notsignal ab, die Spur der Maschine verlor sich in der dunklen Nacht und sie tauchte ebenso wenig wieder auf wie Charles Taylor und seine jungen Piloten – die gesamte Staffel von Flug 19 sowie die Maschine, die Ausschau nach ihr halten sollte, blieben für immer verschollen!

Eine Analyse des Unglücks hat Ernüchterndes ergeben: Die Bomber hatten aufgrund der falsch eingeschlagenen Richtung durch Lieutenant Charles Taylor die Orientierung verloren und flogen immer weiter aufs Meer hinaus. Als ihnen das Benzin ausging, stürzten sie ins Meer. Der legendäre Funkspruch wäre laut Experten der Verwirrung und Panik der jungen Männer zuzuschreiben. Das Suchflugzeug, das ebenfalls verschwand, ist angeblich explodiert, weil der Pilot verbotenerweise an Bord geraucht hat.

Star Tiger (Passagierflugzeug)

Die mit 31 Personen besetzte Star Tiger der Britisch South American Airways verschwand in der Nacht zum 30. Jänner 1948 nach dem Start vom Flughafen Santa Maria auf den Azoren auf ihrem Weg nach Kindley Field in Bermuda. Die Crew hatte zuvor keinerlei Probleme gemeldet, als plötzlich der Funkkontakt zum Piloten abbrach. Verwunderlich war, dass die Maschine ungewöhnlich niedrig flog, sich nur etwa 610 Meter über dem Meeresspiegel befand (üblich sind zwischen 8000 und 12 000 Meter). Die Besatzungsmitglieder eines Handelsschiffes beobachteten in der betreffenden Nacht ein Flugzeug, das den Ozean in ungewöhnlich geringer Flughöhe überquerte. Diese Sichtung ließ vermuten, dass der Kapitän vom Kurs abgekommen war und die Star Tiger in Richtung der Ostküste der USA manövrierte. Gelandet ist die Maschine allerdings nirgendwo und konnte, trotz groß angelegter Suchaktion, auch auf dem Wasser nicht mehr ausfindig gemacht werden.

Douglas DC-3 (Passagierflugzeug)
Im selben Jahr wie die Star Tiger wurde noch ein weiteres Passagierflugzeug als vermisst gemeldet. Die Douglas DC-3 der US-amerikanischen Charterfluggesellschaft Airborne Transport befand sich am 28. Dezember 1948 mit 32 Menschen an Bord auf dem Weg von Puerto Rico nach Miami. Die letzte Durchsage über Funk, die der Pilot Bob Linquist machte, lautete sinngemäß: „Wir sind 50 Meilen südlich vor Miami, ich kann bereits die Lichter der Stadt sehen!" Im Anschluss daran verschwand der Kapitän samt seiner Maschine und den Passagieren spurlos. Es heißt allerdings, dass Linquist bereits vor dem Start in Puerto Rico angemerkt hatte, dass sein Funkgerät nicht in Ordnung wäre. Somit könnte es sein, dass er die Meldung über eine Änderung der Windrichtung nicht empfangen konnte, vom Kurs abkam und sich daher während seiner letzten Durchsage nicht 50, sondern rund 100 Meilen südlich von Miami befand. Was danach passiert ist, wird wohl für immer ein Rätsel bleiben.

Star Ariel (Passagierflugzeug)
Am 17. Jänner 1949 wurde eine weitere Passagiermaschine, dieses Mal eine Star Ariel der British South American Airways, vom Bermuda-Dreieck verschluckt. Das mit 20 Insassen besetzte Flugzeug war frühmorgens vom Kindley Field in Bermuda gestartet und peilte

den Flughafen Kingston auf Jamaika an. Es herrschte ausgezeichnetes Wetter, kein Wölkchen trübte den Himmel, sodass sich der Kapitän dafür entschied, bis auf eine Höhe von 5500 Metern aufzusteigen.

Er manövrierte die Maschine somit auf einer weitaus höheren Flughöhe als der auf dieser Strecke üblichen. Nachdem der Pilot eine Stunde nach dem Start die Flugsicherung darüber verständigt hatte, dass er die Funkfrequenz wechseln würde, ging der Kontakt mit einem Mal verloren. Es waren zuvor keinerlei Probleme mit der Maschine gemeldet worden. Allerdings wurde trotz strahlendem Wetter ein allgemein schlechter Funkempfang in dem Gebiet, das die Star Ariel durchquerte, gemeldet. Das Flugzeug ging samt Besatzung und Passagieren einfach verloren und gilt weiterhin als verschollen.

Marine Sulphur Queen (Tankschiff)

Das Tankschiff legte am 2. Februar 1963 mit 39 Mann Besatzung in Beaumont im US-Staat Texas ab und machte sich auf den Weg zur Südspitze Floridas, die es umrunden und weiter bis nach Norfolk in Virginia fahren wollte. Es verschwand somit nicht direkt im Bermuda-Dreieck, sondern nur in dessen Nähe.

Der letzte Funkkontakt bestand zwei Tage später um etwa 1 Uhr 30, als die Marine Sulphur Queen bereits zwei Drittel der Strecke zurückgelegt hatte. Der über 20 Jahre alte Tanker war mit 15 000 Tonnen flüssigem Schwefel beladen und nach Aussage der US-Küstenwache Monate zuvor bei Stürmen auf dem Ozean schwer beschädigt worden. Trotzdem hatte sich der Kapitän nicht davon abbringen lassen, den Auftrag zu übernehmen und das Schiff zuversichtlich Richtung Südosten zu steuern. Eine eingehende Untersuchung und Reparatur der Schäden, teilweise auch verursacht von mehreren kleinen Bränden an Bord, plante man erst für März desselben Jahres.

Am 4. Februar um 11 Uhr 23 schlug ein Versuch, Funkkontakt mit der Marine Sulphur Queen aufzunehmen, fehl. Das Schiff hätte sich zu diesem Zeitpunkt in der Nähe der Inselgruppe Dry Tortugas im Golf von Mexiko, fast genau unter der Südspitze Floridas, befinden müssen.

Bis zum 7. Februar, dem geplanten Ankunftsdatum des Tankers in Norfolk, herrschte Totenstille am anderen Ende der Funkverbindung. Als das Schiff auch an den folgenden Tagen nicht den Zielhafen erreichte, startete eine sechstätige Suchaktion, in deren Verlauf knapp 350 000 Quadratseemeilen genau unter die Lupe genommen wurden.

Später stellte sich heraus, dass die Marine Sulphur Queen südwestlich von Key West durch das Meer schipperte, sich also unterhalb der Dry Tortugas befand und somit in die völlig verkehrte Richtung unterwegs gewesen war. Dort fand nämlich am 21. Februar ein Boot der US-Navy ein Nebelhorn und eine Rettungsweste des vermissten Tankers. In der Folgezeit wurden immer wieder Kleinteile des Schiffs im Golf von Mexiko geborgen. Das gesamte Wrack samt der toten Besatzung hat man jedoch bis heute nicht entdeckt.

Mindestens genauso spannend, wenn auch nicht so bekannt, ist das Alaska-Dreieck: ein sagenumwobener Landstrich im nördlichsten US-Bundesstaat, in dem so viele Flugzeuge und damit auch Menschen verschwinden wie nirgendwo sonst in Amerika. Das betreffende Gebiet reicht von der Hauptstadt Juneau am südöstlichen Zipfel über die Stadt Anchorage, die sich etwa 900 Kilometer weiter östlich befindet, bis hin zu der kleinen Stadt Utqiaġvik ganz im Norden und umspannt somit eine etwa 500 000 Quadratkilometer große Fläche rund um den Polarkreis. Der Unterschied zum Bermuda-Dreieck liegt auf der Hand: Das Alaska-Dreieck erstreckt sich vorwiegend über Land, nur die gedachte Linie zwischen Juneau und Anchorage tangiert die Küstenfjorde und das Meer.

In die Schlagzeilen geriet die Region, als sich im Jahr 1950 ein Flugzeug auf dem Weg von Anchorage nach Montana scheinbar in Luft auflöste. Eine mehrtägige Suche blieb erfolglos, es wurden weder die Maschine noch ihre Insassen jemals gefunden. Nur 22 Jahre später verschwand ein weiterer Flieger in dem Gebiet, er war auf dem Weg von Anchorage nach Juneau. Da sich darin der Politiker Hale Boggs befand, der als Mitglied der Warren-Kommission den Mord an John F. Kennedy untersuchte, starteten die Behörden eines der größten Rettungsunternehmen der US-Geschichte. Die erfolglose Suche wurde nach mehreren Wochen ohne positives Ergebnis eingestellt.

Abgesehen vom Alaska-Dreieck verschwinden im nördlichsten Bundesstaat der USA dreimal so viele Menschen wie im Rest des Landes, Einheimische wie Touristen. Die wenigsten Fälle werden aufgeklärt, von den meisten Verschollenen fehlt bis heute jede Spur.

Last, but not least existiert auch noch ein Nevada-Dreieck, in dem offenbar ebenfalls bemannte Flugzeuge verschwinden.

Am 3. September 2007 verabschiedete sich der Milliardär Steve Fossett gegen 8 Uhr 30 mit den Worten „Das wird ein schöner Sonntagsausflug" von seiner Frau und gab ihr zum Abschied einen Kuss auf die Stirn. Anschließend bestieg er sein Flugzeug und brach zu einem Rundflug über die Sierra Nevada, einem Hochgebirge im Westen der USA, auf. Kurz darauf war der erfahrene Pilot über dem Nevada-Dreieck abgängig, einem 77 000 Quadratkilometer großen Gebiet in der Nähe von Las Vegas. Steve Fossetts Leiche wurde erst mehr als ein Jahr später in dem Wrack seiner Maschine entdeckt – Absturzursache ungeklärt. Einige Jahre zuvor verschwand in der derselben Gegend ein Passagierflugzeug vom Radar, woraufhin sich mehrere Kampfjets auf die Suche machten; fünf davon stürzten ab, ohne dass ein technischer Defekt vorlag. Der Grund dafür konnte nie gefunden werden.

Experten gehen davon aus, dass im Nevada-Dreieck, das sich abseits der großen Flugrouten befindet, noch mindestens 1400 weitere vermisste Flugzeuge am Boden zerschellten und bisher unentdeckt blieben.

Mike Brendan, ein Hobbypilot aus Las Vegas, überflog das riesige Areal bereits mehrmals und berichtet Folgendes: „Ich habe häufiger einen orangestichigen Nebelschleier wahrgenommen, der sich von einem Moment auf den anderen bildet und sich rasend schnell nach oben und zur Seite hin ausbreitet. Bisher konnte ich diesem Dunst jedes Mal im letzten Augenblick ausweichen, doch ich glaube, dass er die Flugzeuge vom Himmel holt."

Der Schicksalsflug der MH370

Kuala Lumpur/Malaysia – Peking/China

Bericht von Gabriele Hasmann

Am 8. März 2014 befand sich die MH370 der Malaysia Airlines als internationaler Linienflug auf dem Weg von Kuala Lumpur nach Peking, als die Maschine 39 Minuten nach dem Start um 1 Uhr 21 Ortszeit plötzlich spurlos vom Radar verschwand. Bis zum heutigen Tag weiß niemand, was genau mit der Boeing 777 sowie den zwölf Besatzungsmitgliedern aus Malaysia und 227 Passagieren aus 15 Nationen an Bord passiert ist.

Zuerst gab es keine Auffälligkeiten, doch um 1 Uhr 07 gab Kapitän Zaharie Ahmad Shah zum zweiten Mal unaufgefordert innerhalb weniger Minuten die Reiseflughöhe durch und erhielt vom Boden aus über Funk eine Bestätigung. Um 1 Uhr 19 funkte er aus dem Cockpit an die malaysische Luftverkehrskontrolle in Kuala Lumpur, die den Flug vom Boden aus überwachte: „Good night Malaysian 370." Die Wetterlage war zu diesem Zeitpunkt unauffällig, der Himmel fast wolkenlos. Ab dann herrschte Funkstille und man verlor die Maschine vom Radar, es wurde eine sofortige Untersuchung eingeleitet.

Zuerst gingen die Behörden davon aus, das Flugzeug wäre im Golf von Thailand ins Meer gestürzt, doch schon bald wurde aufgrund der Daten eines Militärradars bekannt, dass es aus unbekannten Gründen den Kurs gewechselt und noch bis zu sieben Stunden nach seinem Verschwinden Signale an einen Satelliten gesendet hatte. Das interessante Detail: Die Verbindung zu dem Flugkörper im Weltraum war zeitweise unterbrochen, doch etwa eine Stunde, nachdem sich die Maschine scheinbar in nichts aufgelöst hatte, loggte sie sich aktiv wieder in die Bodenstation ein. Trotzdem tauchte sie auf dem Radar nicht mehr auf.

Ermittler gehen davon aus, dass das Kommunikationssystem an der Grenze zum vietnamesischen Luftraum ausfiel oder ausgeschaltet wurde – warum, konnte man sich bisher nicht erklären.

Die Boeing 777 machte sich nach ihrem Verschwinden vom Radar auf den Weg zurück Richtung Malaysia, kurvte entlang der thailändischen Grenze und um die Insel Penang herum über die Straße von Malakka. Es wird angenommen, dass die Maschine in dieser Flugphase mehrfach Geschwindigkeit und Höhe geändert hat. Danach flog sie einen Bogen um Indonesien und über dem Indischen Ozean weiter in südliche Richtung. Ab wann auf dieser Route der Autopilot übernahm und kein Mensch mehr am Steuer saß, ist ungeklärt. Westlich von Australien verstummten alle Signale, die Maschine verschwand endgültig. Warum in dieser Zeit niemand an Bord einen Notruf via Handy absetzte, zählt zu den größten Rätseln dieses Falls.

Die zuständigen Ermittler halten es für möglich, dass dem Flugzeug der Treibstoff ausging und es in den Ozean stürzte. Zuvor könnte irgendein Gas ausgetreten sein, das die Menschen an Bord ohnmächtig werden ließ. Andere Theorien lauten Entführung, Sabotage oder Selbstmord, wobei alle drei nicht erklären, wo die Boeing 777 geblieben ist und warum sienicht gefunden werden konnte.

Anhänger paranormaler Geschehnisse vermuteten einen Riss im Raum-Zeit-Gefüge, durch den die Maschine in eine andere Dimension geflogen ist. Trudelt sie samt der Besatzung und den Passagieren, die mittlerweile schon verhungert wären, durch eine endlose Weite und kommt nie zum Stillstand? Oder ist sie irgendwo außerhalb unserer Welt abgestürzt?

Eine andere These ist die eines Missgeschicks eines Zeitreisenden, der durch sein Auftauchen gewisse Geschehnisse in der Gegenwart verändert hat, weshalb es diesen Flug plötzlich gar nicht mehr gab. Aber wo wären dann die Menschen, die sich an Bord befanden?

Eine weitere Annahme ist jene, dass die Boeing 777 von einem schwarzen Loch verschluckt und dabei zerstört wurde.

Eine fast zweieinhalb Jahre dauernde hochtechnisierte Suche ober- und unterhalb des Meeresspiegels, bei der es sich mit Kosten von fast 150 Millionen Euro um die teuerste in der Geschichte der Luftfahrt handelte, blieb erfolglos – das Wrack und die vermutlich immer noch darin befindlichen Passagiere tauchten nicht mehr auf. Und das, obwohl man das Suchgebiet, das sich durch die mittels

Simulation berechnete Absturzstelle ergab, mehrfach erweitert und immer wieder überflogen hat.

Allerdings entdeckte man immer wieder Trümmer der Maschine, zumindest ging man nach eingehenden Untersuchungen davon aus, dass die Gegenstände von Flug MH370 stammten. So fand beispielsweise 2015 ein Einwohner bei Saint-André auf der Insel La Réunion im Indischen Ozean eine Flügelklappe. Die Analyse dieses Teils ergab, dass die Maschine zum Zeitpunkt des Absturzes nicht unter der Kontrolle eines Piloten stand.

2016 las ein amerikanischer Schatzsucher an einem Strand in Mosambik das rechte Höhenleitwerk mit der Aufschrift NO STEP auf und im selben Jahr ein Archäologe in Mossel Bay, ebenfalls in Südafrika, eine Triebwerksverkleidung mit Teilen des Logos von Rolls-Royce. Bei beiden Funden dürfte es sich um Teile des verschollenen Flugzeugs handeln.

Bis heute gibt es nicht den geringsten Hinweis auf den Verbleib der Boeing 777 – sie gilt als der einzige Großraumjet, der so lange Zeit spurlos verschwunden blieb, weshalb der Vorfall als eines der größten ungelösten Mysterien der Luftfahrtgeschichte gilt.

Der verfluchte Wald

Nahe Klausenburg/Kreis Cluj, Rumänien

Bericht von Gabriele Hasmann

Der Hoia Baciu ist ein leicht erhöht liegender Wald in der historischen Region Transsylvanien, ehemaliges Großfürstentum Siebenbürgen, westlich der Stadt Klausenburg (Cluj-Napoca) im Zentrum von Rumänien. Er erstreckt sich über eine Fläche von ca. drei Quadratkilometern und gilt offiziell als Erholungs- und Wandergebiet, ist allerdings eher bekannt für seine ungewöhnlich aussehenden Laubbäume und allerlei Geschichten, die über ihn kursieren. Schon früher fürchteten sich die Menschen vor dem Waldesinneren, in dem einst ein Schäfer mit seinen rund 200 Tieren spurlos verschwand, als er den Wald durchquerte. Nach ihm erhielt der Wald auch seinen Namen.

Eine andere Geschichte handelt von einem fünfjährigen Mädchen, das in den Wald ging und erst fünf Jahre später mit der gleichen Kleidung und ohne Erinnerung an das Geschehene wieder auftauchte. Angeblich verschwinden seit dem Jahr 1985 auch Menschen in dem Wald, weshalb er den Namen „Bermuda-Dreieck von Europa" trägt. Auf Fotos sind immer wieder verschwommene Schatten oder Umrisse von Gestalten im Unterholz zu erkennen, die nicht mit Doppelbelichtung oder Ähnlichem erklärt werden können.

Den Erzählungen Einheimischer zufolge wurden im Hoia Baciu früher rumänische Bauern ermordet, deren Seelen seitdem zwischen den Bäumen gefangen sind.

Besucher des Waldes berichten häufig von Beklemmungen, Unwohlsein, Schwindel und Panikattacken. Einige Personen fühlten sich beobachtet und verfolgt, bei manchen kam es sogar zu Verbrennungen und Kratzwunden, die sie nicht erklären konnten.

Seit rund 50 Jahren tauchen rund um den Hoia Baciu aber nicht nur Berichte über Spukgeräusche, Lichterscheinungen und verschwundene Menschen auf, sondern auch über UFO-Sichtungen.

Die Waldmitte zeigt eine Lichtung ohne Vegetation, bei der es sich um einen Landeplatz für außerirdische Flugobjekte handeln soll.

Ein im Juli 2019 durchgeführter Lokalaugenschein durch Philipp R. aus Deutschland, der sich in seiner Freizeit der Erforschung rätselhafter Mysterien und paranormaler Phänomene widmet, ergab: In den Archiven der regionalen Zeitungen vor Ort fanden sich keine Hinweise auf den verschwundenen Schäfer, ebenso wenig ließ sich der Name des fünfjährigen Mädchens eruieren, das in dem Wald verschwunden und fünf Jahre später wieder aufgetaucht sein soll. Danach machte er sich auf den Weg in den Wald und begab sich zu der etwa 2000 Quadratmeter großen, runden Stelle namens Poiana Rotunda, die sich in der Nähe der südwestlichen Ecke befindet und auf der angeblich nichts wächst. Ernüchtert stellte Philip P. fest, dass auf der Lichtung eine wunderschöne Wildblumenwiese zu sehen ist.

Zu Hoia Baciu selbst gab er an, dass es sich vordergründig um ein idyllisches Fleckchen Erde handelt – die einzige auf den ersten Blick auffällige Abnormität sind einige Bäume, deren Stämme seltsam verformt sind, angeblich befänden sich zwischen ihnen Portale in andere Dimensionen. Sie wachsen in sich im Urzeigersinn drehenden Spiralen dem Himmel entgegen oder weisen ein Zick-Zack-Muster auf, was allerdings in erster Linie mit unterirdischen Wasserläufen und der Erdstrahlung zusammenhängt. Das trotzdem relativ harmlose Erscheinungsbild des Waldes täuscht allerdings, wie der Hobbyforscher dann doch noch herausfinden sollte.

Erzählung von Philipp R.

Ich hatte mir vorgenommen, im Hoia Baciu zu übernachten, und schlug mein Zelt zwischen zwei der abnorm geformten Buchen auf. Es war angenehm warm, die Bienen summten, die Vögel zwitscherten, die untergehende Sonne warf ihre Strahlen durch die Kronen der Laubbäume und ich verspeiste mein Essen in einer herrlichen Abendstimmung. Gegen 22 Uhr kroch ich in den Schlafsack, las noch ein bisschen im Schein der Taschenlampe und knipste gegen

23 Uhr das Licht aus. Etwa zehn Minuten später, ich war immer noch wach, vernahm ich plötzlich schwere Schritte vor dem Zelt. Ich hielt den Atem an und dachte an ein großes Tier, doch da erklang eine helle Stimme, wie die von einem Kind – was ja in keiner Weise zu dem lauten Auftreten auf dem Waldboden passte: „Pleacă de aici!", was so viel wie „Geh weg!" bedeutet. Dann blieb es still. Ich traute mich erst nach einer halben Stunde, den Kopf ins Freie zu stecken, doch natürlich konnte ich kein fremdes Wesen sehen. Allerdings bemerkte ich im Schein meiner Lampe, dass sich die schmutzige Trittspur eines kleinen Fußes auf meinem gelben Hemd befand, das ich zum Trocken draußen gelassen hatte. Dieses lag aber nicht auf der Erde, sondern hing auf einer Leine, gespannt zwischen zwei Bäumen in einer Höhe von ca. 1,80 Meter!

Ich schlief dann aber wider Erwarten doch ein und wachte am folgenden Morgen eigentlich recht furchtlos auf. Vielleicht war das nächtliche Erlebnis ja doch nur ein Traum gewesen. Die schwarzen Flecken auf meinem Hemd bewiesen allerdings das Gegenteil. Nach dem Frühstück wollte ich meine Zelte eigentlich abbrechen, der Wald lag wieder friedlich im Sonnenlicht, wie am Tag zuvor. Da sah ich etwa 50 Meter vor mir einen merkwürdigen weißen Schleier zwischen den Bäumen wehen, ähnlich extrem dicht gewebten riesigen Spinnennetzen. Sollten das die berühmten Ektoplasmen sein, die laut Berichten der Einheimischen im Hoia Baciu manchmal auftraten?

Da mir nun doch gruselig zumute wurde, packte ich eilig meine Sachen zusammen. Als ich den Arm ausstreckte und nach meinem Hemd griff, das immer noch auf der Leine hing, zuckte ich erschrocken zusammen: Mein linker Arm war von blutigen Kratzpuren übersät, gekrönt von einer kreisrunden knallroten Verbrennung. Nach einer raschen Kontrolle stellte ich fest, dass der Rest meines Körpers keine einzige Wunde aufwies. Konnte das ein Tier gewesen sein? Hätte ich den Angriff nicht spüren und davon aufwachen müssen? Und wie konnte das Brandmal erklärt werden?

Ich hatte es dann plötzlich sehr eilig, aus dem Wald zu kommen, und floh regelrecht von diesem auf den ersten Blick so idyllisch wirkenden Ort.

Doch die schrägste Geschichte, die alle unheimlichen Mythen über verschwundene Menschen im Hoia Baciu bittere Realität werden ließ, folgte erst am Ende meines Aufenthalts: In einem Kaffeehaus in Klausenburg unterhielt ich mich rein zufällig mit einer Dame, die mit ihrer Familie im nahen Städtchen Florești lebte. Sie erzählte mir mit Tränen in den Augen, dass ihre kleine Tochter Leni seit drei Jahren nicht mehr auffindbar ist, seit sie mit ihrer Klasse einer Mädchenschule einen Lehrausflug in diesen Wald unternommen hatte. „Die Kinder sind im Gänsemarsch zwischen den Bäumen durchgegangen, um an eine bestimmte Stelle zu gelangen. Leni bildete das Schlusslicht. Ihre Lehrerin schwört, dass sie alle Schülerinnen stets im Blick behielt. Sie hat angeblich nur kurz weggeschaut und dann war Leni verschwunden. Die Polizei hat zwei Wochen nach ihr gesucht, auch außerhalb des Waldes, weil der ja nicht so groß ist, aber ohne Erfolg. Alle Lehrerinnen – drei insgesamt – und die anderen Mädchen haben ausgesagt, dass sich keine fremde Person der Gruppe genähert habe und ihnen auch sonst nichts Ungewöhnliches aufgefallen sei. Aber meine Tochter ist trotzdem weg und keiner weiß, wo sie ist und wie es ihr geht!“

Also haben sich die Geschichten über die dunkelsten Geheimnisse des Waldes doch bestätigtt!

Die unsichtbare Katze

Oberkappel/OÖ, Österreich

Erzählung von F. Z.

Ich besitze in Oberkappel einen Bio-Bauernhof mit einigen eigenen Feldern, die ich selbst bewirtschafte. Neben meinem Nutzvieh halte ich auch Haustiere, die vor allem von meiner Frau und den Kindern versorgt werden. Einzig um meine Lieblingskatze Moni habe ich mich selbst gekümmert – sie war mir vor Jahren zugelaufen und ist immerhin 19 Jahre alt geworden. Wie sie allerdings verschwunden ist, werde ich wohl nie vergessen.

Ich glaube ja ganz und gar nicht an übernatürliche Begebenheiten, da meiner Meinung nach alles, was auf unserer Erde passiert, naturwissenschaftlich erklärt werden kann. Umso mehr erstaunt mich nach wie vor, was mit meiner Katze passiert ist.

Es war im Sommer 2017. Ich hatte wieder einmal gemäht und sah Moni über die Stoppeln des Kornfelds spazieren, während ich mein Jausenbrot aus dem Rucksack nahm. Ich wollte es mir gerade am Waldrand an einem schattigen Plätzchen gemütlich machen, als die Katze plötzlich vor meinen Augen verschwand. Nicht, dass sie in irgendeine Vertiefung gefallen und von einem Augenblick auf den anderen weg gewesen wäre, nein, sie löste sich praktisch nach und nach innerhalb weniger Sekunden in Luft auf. Ich konnte nur auf den Fleck starren, an dem ich Moni das letzte Mal gesehen hatte, und nichts unternehmen, da ich mich wie gelähmt fühlte. Erst nach einiger Zeit löste sich mein Schockzustand. Ich lief sofort auf das Feld und suchte es nach dem Tier ab, doch wie erwartet befand es sich nicht in irgendeiner Grube, sondern war einfach nicht mehr da. Ich rief Moni auch mehrmals, aber sie tauchte nicht mehr auf.

Und dann hörte ich mit einem Mal ein seltsames Geräusch, es klang wie ein Miauen, und ging darauf zu. Als ich direkt daneben stand, konnte ich meinen Ohren kaum trauen, aber ich schwöre, ich hörte die Klagelaute einer Katze. Doch weit und breit war kein Tier auf dem Feld zu sehen. Verwundert drehte ich mich immer wieder im Kreis und rief nach Moni, doch an der Situation änderte sich nichts: Ich vernahm das Miauen klar und deutlich neben mir, sah aber kein Tier, von dem das Geräusch stammen konnte. Ich tastete sogar den Untergrund ab, in der Hoffnung, doch noch eine Vertiefung zu finden, in der sich die Katze befinden könnte – unlogisch, denn wäre eine da gewesen, hätte man sie auch sehen müssen –, natürlich ohne Erfolg. Ich rief außerdem weiterhin Monis Namen, aber auch das brachte nichts.

So ging ich nach Stunden des Suchens abends gegen 20 Uhr nach Hause, da ich irgendwann auch annahm, mir alles nur einzubilden, möglicherweise aufgrund eines Sonnenstichs. Ich glaubte außerdem irgendwie immer noch daran, dass meine Katze wieder auftauchen würde und vielleicht sogar schon vor mir den Hof erreicht hatte, doch leider war das nicht der Fall. Sie kam auch nicht mehr zurück und ist vermutlich irgendwo draußen gestorben.

Und jetzt wird es richtig schräg: Als ich am nächsten Tag neuerlich auf dem Feld arbeitete, vernahm ich plötzlich wieder dieses seltsame Geräusch in meiner Nähe. Ich ging verwirrt darauf zu und vernahm das klägliche Miauen. Doch auch dieses Mal konnte ich weit und breit kein Tier erblicken, das diese Töne ausstieß. Allerdings bildete ich mir ein, dass es leiser klang als am Vorabend. Dasselbe wiederholte sich ab diesem Zeitpunkt jeden Tag: Ich ging zu der Stelle, an der meine Katze verschwunden war, und hörte sie – ich war jedenfalls davon überzeugt, dass diese Laute von Moni stammten –, wobei diese immer leiser wurden, bis ich sie an einem Abend nach neuerlichem stundenlangen Suchen plötzlich gar nicht mehr wahrnahm. Entweder hat Monis Seele in diesem Moment den Körper verlassen, wo auch immer sich dieser befand, oder sie ist einfach nur verstummt und klagt lautlos weiter. Allerdings müsste sie dann mittlerweile weit über 20 Jahre alt sein.

Ich glaube seit diesem Erlebnis an paranormale Ereignisse und denke, meine Katze ist im Sommer 2017 einfach in eine andere Daseinsform gewechselt, die ich zwar akustisch wahrnehmen konnte, aber eben nicht optisch.

Paradoxien im Raum-Zeit-Gefüge und die Irrelevanz von Uhr und Kompass

Als Gott die Erde in nur sieben Tagen erschuf, gelang es ihm nicht, alles perfekt zu machen – und so hinterließ er Raum- und Zeitlöcher auf unserem Planeten. Das jedenfalls wäre die glaubensgeprägte Erklärung.

Reisen in Zukunft und Vergangenheit, die in diversen Science-Fiction-Filmen oder -Büchern sowie in einschlägigen Internet-Foren Thema sind, in denen beispielsweise Besuche bei Kleopatra, Einblicke in das Leben der Menschen nach der Zerstörung der Erde oder eine Begegnung mit dem eigenen jüngeren Ich beschrieben bzw. debattiert werden, beschäftigen aber längst nicht nur Utopisten und Okkultisten, auch namhafte Physiker erforschen seit den 1980er-Jahren diese Möglichkeit.

Das Tor zu diversen Überlegungen in diese Richtung öffnete Albert Einstein, der mit seiner Relativitätstheorie ein ganz neues Modell von der Ordnung des Universums entwarf: Seiner Auffassung nach verstreicht die Zeit unterschiedlich schnell, je nachdem, mit welcher Geschwindigkeit sich der Mensch durch den Raum bewegt.

Das ist längst erwiesen: Für einen Astronauten tickt die Uhr im Raumschiff, das sich von der Erde wegbewegt, umso langsamer, je mehr sich dessen Geschwindigkeit der Lichtgeschwindigkeit nähert. Man müsste sich also nur in eine Rakete setzen, zu einem weit entfernten Stern reisen und könnte dann – um nur rund zehn Jahre gealtert – beispielsweise ins Jahr 3245 zurückkehren. Voraussetzung wäre, dass man sich auf dem Hin- und Rückweg mit 99,995 Prozent der Lichtgeschwindigkeit durch das Universum bewegt. Dabei treten allerdings zwei Probleme auf, die eine Umsetzung der Theorie in die Praxis bislang verhindert haben, zumindest was die wissenschaftliche Sicht auf die Dinge betrifft: Es gibt keinen Raketenantrieb für solche Geschwindigkeiten, außerdem fehlt die Vorstellung, wie ein Zeitreisender wieder in die Gegenwart zurückgelangen könnte.

Ähnlich schwierig verhält es sich mit Ausflügen in die Vergangenheit, beispielsweise durch eines von vielen „Wurmlöchern", wie sie von Albert Einstein und Nathan Rosen bereits im Jahr 1935 beschrieben wurden. Es handelt sich dabei um einen Punkt, an dem sich zwei „Schwarze Löcher" (extrem dichte Materieansammlungen mit derart gewaltiger Gravitation, dass nichts diesen Bereich durchlaufen kann, nicht einmal Licht) berühren und eine Brücke zwischen unserer Welt und einem Paralleluniversum bilden. Es gibt aber, wie könnte es anders sein, auch hier einen Haken: Wurmlöcher existieren Berechnungen zufolge nur 100 Billionstel Billionstel Billionstel Nanosekunden, wodurch eine Rückkehr in die „richtige Zeit" unmöglich wäre. Zudem sind sie 20 Zehnerpotenzen kleiner als ein Atomkern, weshalb ein Mensch niemals hindurchpassen würde. Bisher existieren solche Raumzeittrichter allerdings ohnehin ausschließlich auf dem Papier, errechnet von klugen astro-mathematischen Köpfen – im Kosmos ist noch niemals einer beobachtet worden.

Zuletzt warten wir noch mit einem Paradoxon auf, das man aus dem Film „Zurück in die Zukunft" kennt: Ein Junge begibt sich in die Zeit vor seiner Geburt und seine Mutter verliebt sich in ihn. Was, wenn sie deshalb nie seinen Vater heiraten und er gar nicht geboren werden würde? Physiker glauben allerdings, dass es bei einer Zeitreise nicht möglich wäre, den Lauf der Dinge zu ändern, sondern nur, diese zu bestätigen (wodurch allerdings der freie Wille des Menschen plötzlich fundamental infrage gestellt wird).

Doch warum existieren, nach all der Theorie, scheinbar tatsächlich Anomalien im Raum-Zeit-Gefüge und gibt es Menschen, die von ihren Reisen in die Vergangenheit oder Zukunft berichten?

Und jetzt am Ende wird es besonders knifflig: Wer sagt uns denn, dass wir uns in der „Wirklichkeit" befinden und unsere Zeit die „richtige" ist?

Zeit hinter uns, Zeit vor uns, mit uns ist sie nicht.

Leo Tolstoi (1828–1910)
russischer Erzähler und Romanautor

Zauberreich Untersberg

Salzburg, Österreich/Bayern, Deutschland

Bericht von Gabriele Hasmann

So wie im vorigen Kapitel über das Verschwinden von unter anderem Landmassen und Personen Atlantis nicht fehlen durfte, muss hier der Untersberg als das vom Dalai Lama so bezeichnete „Herzchakra Europas" erwähnt werden, das viele Geheimnisse birgt und mit etlichen Paradoxien aufwarten kann.

Seit ewigen Zeiten schon haben die Menschen in der Gegend rund um den „magischen Berg" rätselhafte und unheimliche Dinge über ihn zu berichten gewusst – daher zählt das Steinmassiv am Rande des Salzburger Beckens zu den mystischsten Regionen in ganz Österreich. Am häufigsten tauchen Berichte über Zeitanomalien auf – dort ticken die Uhren einfach definitiv anders!

Der Untersberg wird auch „Berg des Lichts" genannt: An einem bestimmten Tag im Jahr soll sich eine Höhle um die Mittagszeit plötzlich hell erleuchten. Seit dem 14. Jahrhundert trägt er außerdem den Namen „Spiegelberg", da er angeblich alles reflektiert: Ängste, Zukunft und Vergangenheit, Zeit, Personen, Orte und sich selbst.

Hier nur eine Aufzählung einiger Phänomene, die bei dem Gesteinsmassiv auftreten sollen und durch zahlreiche Zeugenaussagen bestätigt werden:

- Zeitanomalien wie Zeitverlust, Zeittunnel oder Zeitreisen. Manche Menschen verschwinden auch gänzlich in eine andere Dimension und kehren nie wieder zurück. Peter Kneissl, Historiker, Okkultist und Spiritist, hatte schon selbst einige Erlebnisse am Untersberg. Ihm zufolge existieren schon seit den 1940er-Jahren Zeitportale. Dass sie sich bis heute öffnen und Leute „schlucken", könnte laut vorherrschender Meinung von Laienforschern eventuell an einem missglückten Experiment der Nazis liegen.

- Zwerge („Untersberger Mandln"), zu welchen man durch geheime Felsentore gelangt und die im Inneren des Bergs einen Schatz bewachen. Auch hier treten Zeitverluste ein. Zeugenberichten zufolge verliert man rund fünf Stunden, obwohl man sich nur gefühlte zehn Minuten im Berg aufgehalten hat. Der Eingang befindet sich angeblich in der Nähe des Drachenlochs. Auch der Schauspieler Ingomar von Lex verschwand im Jahr 1965 als Kind fünf Stunden lang und erzählte seinen Eltern, die in der Zwischenzeit krank vor Sorge gewesen waren, von einem „freundlichen Wichtel", etwa zehn Zentimeter groß, der ihn in den Berg zu seinen Freunden geführt hatte.
- Hallen im Untersberg, aus welchen zwölf Geistergänge ins Freie führen
- Energienetz, magische Kraftorte, wandernde Magnetfelder
- Spiegelwelt-Motiv, wonach es Gestalten gibt, die auf beiden Ebenen leben, im Berg wie auch an der Erdoberfläche
- Höhle „Karlsohr" als eine Art Orakel von Delphi
- Froasenhöhle, die Menschen mit ihren Ängsten konfrontiert
- Elfen-, Geister- und Ufo-Sichtungen. Zudem sollen rund um den Untersberg weiße Riesenfrauen umherwandern.
- Auch Zeitreisende bzw. Menschen aus anderen Epochen halten sich irgendwo in dem Gesteinsmassiv auf – angeblich in einem Areal, das sich hinter einer gut verborgenen Metalltüre befindet. Zeugen berichten von Treffen mit einem General, der nach dem Zweiten Weltkrieg im Berg untergetaucht ist, einer jungen Frau aus dem Jahr 1922, die bis heute ihren im Ersten Weltkrieg verschollenen Ehemann sucht, einem alten Mann, der Ende des 19. Jahrhunderts seiner kleinen Enkelin geschworen hatte, nie zu sterben, und das bitter bereut, einem Ehepaar aus dem 17. Jahrhundert, das gar nicht so genau weiß, warum es immer noch lebt … Sie alle können ihr Versteck nicht verlassen, da es sie wie ein unsichtbarer Magnet festhält.

Spirituelle Personen sind davon überzeugt, dass die Erde von einem energetischen Gitternetz umspannt ist, das Kraftorte auf dem ganzen Planeten miteinander verbindet, etwa Stonehenge in England, den

Himalaya in Nepal und eben auch den Untersberg. Als „Beweis" gilt etwa, dass sich, als am 25. April 2015 die Erde in Nepal bebte und Tausende Menschen starben, zeitgleich am Untersberg ein großer Felsbrocken löste und ins Tal stürzte. In der Folge verfärbte sich der Weißbach, der am Berg entspringt, angeblich blutrot – wobei es sich allerdings laut Geologen um rötliches Sedimentgestein handelte, das in das Wasser gefallen war und die Färbung bewirkte.

Mehr über den Untersberg und seine feinstofflichen Bewohner, ein Überblick über sämtliche dort auftretende Phänomene sowie zahlreiche Zeugenberichte finden sich unter: http://www.untersberg.org.

Erzählung von H. M.

Zeitungsartikel des *Reichenhaller Tagblattes* vom 27. August 1987: „Schellenberg. Rätselhaft bleibt weiterhin das Verschwinden der drei Münchner auf dem Untersberg. Der vermisste Hermann Forster war ein Anhänger der Theorie, dass es in bestimmten Höhlen geschehen soll, dass auf der Uhr des Besuchers nur wenige Minuten verrinnen, während draußen mitunter Wochen verstreichen. War man etwa in das ‚Nixloch' bei Hallthurm vorgedrungen?"

Einer meiner Schüler erregte eines Tages meine Aufmerksamkeit, weil etwas unausgesprochen Schweres auf seiner Seele lastete. Bei einem Klassenausflug auf den Untersberg erzählte er mir dann mit belegter Stimme, dass dort vor fünf Jahren sein Vater spurlos verschwunden und nie mehr aufgetaucht sei. Alle würden denken, er sei tot, aber er glaube fest daran, dass er noch lebt.

Ein Jahr später kehrte der verschwundene Vater plötzlich zurück. Er erzählte von dem Erlebnis, das er bei seiner zweitägigen Wanderung auf dem Untersberg hatte: „Ich schlief in der Mittagshitze im kühlenden Luftzug eines Höhleneingangs kurz ein und träumte dabei von Naturgeistern und Elementarwesen. Plötzlich schreckte ich hoch, weil mich jemand von hinten berührt hatte, doch als ich mich umdrehte, konnte ich niemanden sehen. Gähnend warf ich einen Blick auf die Uhr, aber die war stehen geblieben. Als ich aufstand, stellte ich zu meinem Entsetzen fest, dass ich lange Haare und einen fast bis zum Bauchnabel reichenden Bart hatte. Ich rannte hinunter ins Tal nach Fürstenbrunn und fragte in einem Geschäft nach dem aktuellen Datum: Über sechs Jahre sollten vergangen sein!“

Mein Schüler berichtete mir, dass seine Mutter längst mit einem neuen Mann zusammen und vom Wiedererscheinen ihres tot geglaubten Lebensgefährten völlig überfordert war. Er sagte, er treffe seinen Vater häufiger und dieser würde sich in der Welt nicht mehr so richtig zurechtfinden. Der Untersberg hat diesem Mann sein Leben gestohlen.

Der Tag, an dem ich durch ein Wurmloch ging

Linz/OÖ, Österreich

Erzählung von H. M.

Was ein Wurmloch wirklich ist, habe ich das erste Mal verstanden, als eine – zugegebenermaßen sehr begabte – Schülerin von mir ihre Jahresarbeit zum Thema „Zeitphänomene" präsentierte. Sie nahm zu Demonstrationszwecken einen langen Streifen Papier zur Hand, drehte ihn einmal invers zu einer Schleife und legte die beiden Enden mit der Oberseite aufeinander. Auf diese Weise entstand ein sogenanntes Möbiusband. Am Anfang des Streifens stand A, am Ende B. Sie erklärte uns, dass es nun zwei Möglichkeiten gebe, um den Weg von A nach B zu bewältigen: den umständlichen, bei dem man die gesamte lange Strecke auf der Zeitachse entlanglaufen musste, oder – sie stach an den beiden Enden, die aufeinanderlagen, mit einer Nadel ein Loch – den einfachen, bei dem man durch ein Wurmloch ohne Zeitverlust direkt von A nach B gelangte. Die Bezeichnung dieses Phänomens basiert übrigens auf dem Vergleich mit einem Wurm, der sich durch einen Apfel frisst und damit zwei Seiten derselben Oberfläche durch einen Tunnel verbindet.

Ich hatte meine Lektion gelernt und die theoretische Möglichkeit eines Wurmlochs als denkbar akzeptiert. Dass ich selbst einmal in ein solches geraten würde, konnte ich mir damals in meinen kühnsten Vorstellungen nicht ausmalen.

An dem Tag, an dem es passierte, kam ich von einer nervenaufreibenden und anstrengenden Reise aus Italien zurück und war vor lauter Erschöpfung im Zug nach Salzburg eingeschlafen. Schräg gegenüber von mir saß ein freundlicher älterer Herr mit einem weißen Gehstock. Als ich erwachte, hatte ich meine Station verpasst und befand mich auf dem Weg nach Wien. Bei der nächsten Gelegenheit, am Bahnhof Wels, sprang ich aus meinem Waggon, um den nächsten Zug zurück nach Salzburg zu nehmen. Ich ging vom Bahnsteig zur Bahnhofshalle und wunderte mich schon, weil mir alles sehr großzügig und weiträumig vorkam. Als ich im hellen Sonnenschein auf den Bahnhofsvorplatz hinaustrat, blickte ich mich verblüfft um – so großstädtisch hatte ich mir Wels nun wahrlich nicht vorgestellt! Ich fragte ein Liebespärchen, das in der Sonne auf einer Parkbank saß, wo ich denn eigentlich wäre. Die beiden schauten mich verwundert an und antworteten, dass ich mich in Linz befände! Wie konnte das möglich sein? Ich wusste doch ganz genau, dass ich gerade eine Minute zuvor in Wels ausgestiegen war!

Verwundert, aber zugleich auch neugierig beschloss ich, der Sache auf den Grund zu gehen. Wenn meine Vermutung von einem Zeitsprung stimmte, dann musste der Zug, den ich in Wels verlassen hatte, 14 Minuten später Linz erreichen. Ich begab mich wieder auf den Bahnsteig; und tatsächlich, die Bahn fuhr zum erwarteten Zeitpunkt ein. Aber handelte es sich auch wirklich um die richtige? Da erblickte ich den älteren Mann mit dem weißen Gehstock, der gerade ausstieg. Ich ging zu ihm hin und bemerkte, dass er mir verdattert entgegenblickte. Er meinte, ich sei doch schon in Wels ausgestiegen, ich könne unmöglich jetzt hier in Linz sein. Kopfschüttelnd fragte er, wie ich hierhergekommen wäre. Ich antwortete, das wisse ich auch nicht so genau …

Durch ein Wurmloch zu gehen, fühlt sich also ganz normal an – man bemerkt es zunächst gar nicht, sondern stellt es erst dann fest, wenn man mit den Folgen dieses Phänomens konfrontiert wird. Die Erfahrung, dass man in Einzelfällen ohne nennenswerte Zeitverschiebung durch den Raum reisen und dabei auf direktem Weg von einem Ort zum anderen gelangen kann, ist allerdings selten und daher durchaus spektakulär.

Hätte ich damals nicht über die theoretische Möglichkeit von Wurmlöchern Bescheid gewusst, ich hätte vermutlich befürchtet, wahnsinnig geworden zu sein.

John Titor, der Zeitreisende

USA

Bericht von Gabriele Hasmann

Bei John Titor handelt es sich entweder um eine real existierende Person oder das Pseudonym eines Brüderpaars aus den USA, das sich einen Scherz mit Spiritisten rund um den Globus erlaubte. Lawrence und Morey Haber aus Florida, ein Anwalt und ein Informatiker, sollen sich zusammengetan haben, um die ganze Welt zu täuschen und glauben zu machen, dass Ausflüge in die Vergangenheit bereits möglich sind.

Alles begann mit einem Beitrag im Online-Forum des „Time Travel Institute", zuerst mit dem User-Account „Time Travel_0", ab Jänner 2001 unter dem Namen „John Titor". Die Person gab nicht von Anfang an ihre Identität preis, diskutierte zuerst nur allgemein über Zeitreisen und Maschinen, die diese ermöglichen würden. Später behauptete Titor, er wäre ein amerikanischer Soldat aus dem Jahr 2036, stationiert in Tampa, Florida, der mit einem bestimmten Auftrag in die Vergangenheit geschickt worden war: Er sollte im Jahr 1975 einen IBM 5100-Computer finden und diesem einen 32bit-Chip entnehmen, um damit in seiner Gegenwart verschiedenste Fehler in Softwareprogrammen in den Sprachen APL und BASIC zu beseitigen. Es hieß, man hätte ihn deshalb für diese Mission ausgewählt, weil sein Großvater direkt an der Endwicklung des betreffenden Geräts beteiligt gewesen wäre. Als man von Titor wissen wollte, warum er sich nun im Jahr 2000 befand, obwohl er den Chip doch 1975 besorgen musste, antwortete er: „Das hat persönliche Gründe. Ich möchte meine Familie besuchen und Bilder von dort nach Hause mitnehmen, da diese im Bürgerkrieg verloren gehen werden."

Der Fremde gab, von neugierigen Usern befragt, allerlei Auskünfte über seine Zeit. So sagte er beispielsweise, dass auch 2036 noch keine näheren Angaben zu UFOs gemacht werden könnten. Allerdings wäre er der Meinung, dass es sich bei vielen „Außerirdischen" um Reisende aus einer noch viel ferneren Zukunft handeln könnte, die über hochmoderne Technologien verfügten. Vielleicht hätten diese auch Gründe, sich nicht, anders als er, zu erkennen zu geben bzw. Kontakt zu den Menschen an ihrem Zielort aufzunehmen. Titor machte außerdem Angaben zu Ereignissen, die sich in seiner Vergangenheit ereignet hätten: So habe es etwa in den USA einen Bürgerkrieg gegeben, der im Jahr 2004 mit Unruhen während der Präsidentschaftswahlen begann und bis 2008 dauerte. Diese zivilen Auseinandersetzungen führten angeblich zu einer Aufspaltung des Landes in fünf Regionen.

Zudem traf er Aussagen über weitere Konflikte, die ihre Ursache in Territorialansprüchen und der Überbevölkerung hätten, sowie einen Kampf zwischen Arabern und Juden. Aus den genannten Gründen wäre es im Jahr 2015 zu einem kurzen, aber heftigen Dritten Weltkrieg unter Einsatz von Nuklearwaffen gekommen. Er warnte die User in den betreffenden Foren und empfahl ihnen, darauf zu achten, ob es in ihrer Realität Anzeichen dafür gab, und in diesem Fall zeitgerecht nach Kanada auszuwandern. Der „Zeitreisende" sprach außerdem von einer „Schattenregierung", die eine neue Weltordnung plane, sowie von einer großen Armee, die China nach Europa senden würde.

Darüber hinaus gab er an, dass es im Jahr 2036 keine Zentralbanken, dafür aber private Währungen gäbe – ob hier auch virtuelle Zahlungsmittel wie Bitcoins gemeint waren, die im Jahr 2000 noch nicht existierten, kann nicht gesagt werden. Auch schrieb er, dass es kein normales Fernsehprogramm mehr gäbe, die Zuschauer nur noch Privatvideos ihrer Mitmenschen konsumierten – wie sie etwa auf der Plattform YouTube verfügbar sind, die allerdings erst im Jahr 2005 gegründet wurde. John Titor zeigte sich außerdem verwundert darüber, wie wenig Wert die Menschen auf die Konsumation gesunder, nachhaltig produzierter Lebensmittel legen würden. Tatsächlich hat sich das Bewusstsein für gesundes Essen und das Interesse an Bio-Nahrung erst später entwickelt.

Als man wissen wollte, ob er mit seiner Reise in die Gegenwart (der Fragenden) nicht seine eigene Realität verändere, antwortete er, dass sich durch dieses Ereignis ein neuer Zeitstrom und damit auch eine neue Zukunft gebildet hätte (es also keine Zeitparadoxien gäbe). Diese wäre aber nur eine von vielen und er könne laufend die Dimension wechseln und in seine Welt zurückkehren, müsse dabei allerdings immer auf ein neues Zeitportal warten. Man dürfe nämlich nie weiter als 30 bis 40 Jahre auf einmal voraus oder zurück gehen, da die Reise sonst unscharf würde und dann tatsächlich die Gefahr bestünde, zu Hause eine andere Realität vorzufinden. Auch aus diesem Grund legte er im Jahr 2000 einen Zwischenstopp ein.

Hinsichtlich seines Transportmittels machte er sehr detailreiche Angaben, die sich den Funktionsweisen der Quantenmechanik annähern. Es wäre unter anderem ausgestattet mit vier Cäsiumuhren, drei Computern, mehreren Schwerkraftsensoren und einem leistungsstarken Kühl- und Röntgenlüftungssystem, installiert im Heck eines Chevrolet Corvette Cabriolets von 1966. Er beschrieb die Zeitmaschine weiterhin als „Einheit mit stationärer Masse zur temporalen Verschiebung, angetrieben mittels zweier Top-Spins mit dual-positiver Singularität, die wiederum eine standardisierte Offset-Tipler-Sinuskurve erzeugen". Im Jahr 2004 wurde in Oklahoma, USA, von einem Marlin B. Pohlman eine „Methode der Gravitationsverzerrung und Zeitverschiebung" zum Patent angemeldet (US20060073976-A1), das auf Titors Angaben basiert – angeblich, weil der mysteriöse Fremde Fotos seines Transportmittels und das dazugehörende Handbuch „C204-Zeitverschiebungseinheit" im Jahr 2000 ins Netz gestellt und zum Nachbau der Maschine angeregt hatte.

Kritiker behaupten, der Beweis dafür, dass John Titor nie existiert haben kann, läge in erster Linie in seinen falschen Vorhersagen – diese Personen vergessen allerdings, dass der „Zeitreisende" stets betonte, dass die Zukunft, die er kennen würde, nur eine von vielen möglichen wäre. Weiter stützen die Skeptiker ihre Meinung mit dem Argument, dass laut Nachforschungen der Nachname Titor zu keiner Zeit irgendwo aufgeschienen war, was daran lag – so die Befürworter der Geschichte –, dass der Mann ein Pseudonym verwendet hatte, um seine Familie zu schützen.

Für seine Existenz hingegen spricht beispielsweise, dass er im Jahr 2000 schon wusste, dass kurz darauf die 32bit-Chips durch leistungsstärkere 64bit-Chips ersetzt werden würden. Über dieses Wissen verfügten damals nur sehr wenige IT-Spezialisten – wobei er natürlich einer davon gewesen sein könnte. Oder es handelte sich bei dem Fremden doch um Morey Haber aus Florida, wie eingangs erwähnt.

Ebenfalls als eine Art „Beweis" dafür, dass es John Titor als reale Person mit der von ihm geschilderten Vita gab, gilt der Bericht einer US-Bürgerin namens Jeanette Foresta. Die Frau erklärte 2014 in einem YouTube-Video, dass sie Kontakt mit dem von ihr so genannten „Future Man" hatte und er ihr einige Vorhersagen machte. Beispielsweise teilte er ihr mit, dass ihr sechsjähriger Enkel irgendwann eine Frau namens Sara Noblit heiraten würde. Als sie den Namen recherchierte, fand sie eine Sandra Noblit, deren Tochter Sara hieß und im gleichen Alter war wie ihr Enkel.

Am nächsten stand Titor in den Internet-Foren einer gewissen Pamela Moore. Sie behauptete, dass ihr Gesprächspartner Dinge wusste, die erst viele Jahre später an die Öffentlichkeit gelangten. Sie sagte auch, dass seine Antworten immer sehr schnell kamen, also nie der Eindruck entstand, er müsste sich erst etwas ausdenken oder recherchieren.

Ob es John Titor nun gab oder nicht – die Person, die hinter diesem Pseudonym steckte, hatte seiner Zeit jedenfalls viel voraus.

Doch er war nicht der Einzige!

Von 1921 bis 1922 lag Paul Amadeus Dienach, ein Sprachlehrer aus der Schweiz, in einem Genfer Krankenhaus im Koma. Er erwachte im Jahr 3906 als Physikprofessor namens Andrew Northam, der nach einer Nahtoderfahrung ebenfalls in einem Krankenhaus im Koma gelegen hatte. Dienach sprach in veraltetem Schweizerdeutsch, weshalb die Mediziner sofort wussten, woran der Patient litt: Er war Opfer des „Bewusstseinsgleitens" geworden, ein durchaus bekanntes Phänomen im Jahr 3906.

Man brachte den Mann, der sich in seiner neuen Gegenwart nicht zurechtfand und unter Schlaflosigkeit litt, auf den neuesten Wissensstand und erzählte ihm alles über die Vergangenheit bzw. ließ ihn dazu in den Chroniken recherchieren. Als Paul Dienach 1922 in Genf aus dem Koma erwachte, schrieb er die Geschichte seiner Reise auf und vererbte die gesammelten Notizen nach seinem Tod seinem Lieblingsschüler George. Darin befanden sich detaillierte Angaben aus der Zukunft, sogar Zeichnungen vom Ersten und Zweiten Weltkrieg. 1944 wurden die Aufzeichnungen als brisantes Material vom Militär konfisziert, später von den Freimaurern gestohlen. George publizierte Pauls Tagebucheintragungen, die ihm geblieben waren, unter dem Titel *Valley of Roses*.

Viele Jahre später gelang es, auch Dienachs Notizen wieder ausfindig zu machen, die als *Chronicles from the Future* erschienen. Darin wird unter anderem von Katastrophen wie Überbevölkerung, Hungersnöten und ökologischer Zerstörung berichtet, außerdem von militärischen Auseinandersetzungen, die aufgrund regionaler Konflikte geführt werden. Im Jahr 2309 kommt es angeblich zum Dritten Weltkrieg mit einer großflächigen Auslöschung der Menschheit, die Überlebenden werden 2396 zu einer Weltregierung zusammengeführt.

Weitere Vorhersagen des Zeitreisenden:

- In der Naturwissenschaft gelingt es, Antigravitation künstlich zu erzeugen und elektromagnetische Energie für die Überwindung der Schwerkraft zu nutzen.
- Die Gesellschaft hat sich dahingehend weiterentwickelt, das Streben nach Macht und Materie durch innere Persönlichkeitsarbeit zu ersetzen.
- Das Währungssystem wird abgeschafft und fossile Brennstoffe werden durch nachhaltige Energien ersetzt.
- Mit einer Kolonisierung des Planeten Mars beginnt man im Jahr 2204, muss die Mission 2265 aber aufgrund einer gewaltigen Naturkatastrophe abbrechen. In der Zeit kommt es auch zu den ersten Kontakten mit außerirdischem Leben.
- Ab dem Jahr 2600 entwickeln immer mehr Menschen die Fähigkeit zur Telepathie. Aufgrund dessen gibt es bald keine Geheimhaltung mehr, jeder kann und soll alles wissen.
- Die Spiritualität gewinnt in den folgenden Jahren weiter an Bedeutung, es gelingt schließlich, mittels dreidimensionaler innervisionärer Bilder zu kommunizieren.

- Das globale Transportwesen funktioniert mittels ätherischer Energie und Flugscheiben. Dieses System wird später durch Feldtore ersetzt, die einen raschen Wechsel von A nach B ermöglichen.
- Es gibt in jener Zeit auch schon die ersten Städte im Inneren der Erde.
- In der Weltregierung sitzen nur noch kreative Köpfe als universelle Schöpfer.
- Im vierten Jahrtausend hat jeder Erdenbewohner freien Zugang zu allen Ressourcen, es existiert kein Privatbesitz mehr.
- Tiere werden nicht mehr in Zoos gehalten, domestiziert oder gegessen und dürfen frei leben.
- Berufstätige müssen in ihrem gesamten Leben nur noch zwei Jahre arbeiten.

Das alles fand Paul Dienach 3906 heraus – nur über die Jahre, die sein weiteres Leben nach seinem Koma betrafen, durfte er nichts erfahren, da man Angst hatte, er könnte mit diesem Wissen nach 1922 die Zukunft verändern. Paul Amadeus Dienach verstarb 1924 an Tuberkulose.

Um einen weiteren Zeitreisenden soll es sich bei Al Bielek, geboren 1927, handeln. Der US-Bürger, der angeblich bereits mit neun Monaten Gespräche von Erwachsenen verstand, switchte angeblich zwei Jahre lang in der Zukunft zwischen den verschiedensten Jahrtausenden. Er wusste danach, was in der nächsten Zeit auf die Menschen zukommen würde, und machte sehr konkrete Angaben dazu, die sich weitgehend mit den Vorhersagen von Paul Dienach deckten.

Ebenso stattete Al Bielek der Vergangenheit einen Besuch ab.

Sein Name steht auch in enger Verbindung mit dem sogenannten Montauk-Projekt, bei dem es sich um eine Reihe von geheimen Missionen der US-Regierung handelte, durchgeführt auf dem Militärflugplatz Camp Hero sowie dem Luftwaffenstützpunkt Montauk auf Long Island in den 1970ern und 1980ern. Im Mittelpunkt dieser Verschwörungstheorie, die auf Preston Nichols und sein 1992 veröffentlichtes Buch *The Montauk Project: Experimentes in Time* zurückgeht, stehen Zeitreisen und die Fernsteuerung von Menschen mittels Gedankenkontrolle. Al Bielek will an einem dieser Experimente in den 1980ern beteiligt gewesen sein, das ihn ins Jahr 100 000 v. Chr. führte. Er behauptete allerdings, nicht nur in der Zeit, sondern auch zu anderen Planeten gereist zu sein. So hätte er sich beispielsweise auf dem Mars einen Kanister mit heller und dunkler Energie besorgt.

Al Bielek hat zeit seines Lebens versucht, seine Aussagen mit Beweisen zu untermauern, was ihm allerdings nie gelang.

Der mystische Blumenthalsee

Brandenburg, Deutschland

Bericht von Gabriele Hasmann

Auf der mittelalterlichen Stadt Blumenthal, die vermutlich an der Stelle stand, wo sich heute der See befindet, lag angeblich ein furchtbarer Fluch: 1348 raffte die Pest zahlreiche Bewohner dahin, 1398 fielen erst die Pommern und dann 1430 die Hussiten ein, töteten einen Großteil der Einwohner und zündeten deren Häuser an. Von Blumenthal blieb außer einigen Feldsteinmauern nichts übrig. Und selbst diese wurden von den Nachbarn der umliegenden Dörfer nach und nach für ihre Bauten abgetragen. Die Erzählungen von der verschollenen Stadt regen aber bis heute die Fantasien der Brandenburger an und es heißt, dass sie, sobald eine Dunstglocke über der Wasseroberfläche des Sees wabert, aus dem Nebel auftaucht und die Glocken des Kirchturms zu hören sind.

Auch der Dichter Theodor Fontane bildete sich nach Wanderungen durch die Mark Brandenburg von 1862 bis 1889 eine Meinung zu dieser Region. Dass dort nicht alles, was in der Natur kreucht und fleucht, unbedingt ein Tier sein muss, schildert er in seinen Aufzeichnungen:

> „‚Der Blumenthal', das heißt, der Blumenthalwald, ist der Name eines großen Forstreviers, das den Hohen-Barnim von Westen nach Osten hin durchzieht und durch die von Berlin nach Wriezen führende Straße fast seiner ganzen Länge nach durchschnitten wird.
>
> ‚Der Blumenthal' hat seine Romantik. Etwas von dem Zauber Vinetas ist um ihn her und die Sage von untergegangenen Städten, verschwunden in Wasser oder Wald, begleitet den Reisenden auf Schritt und Tritt. Wer um die Mittagsstunde hier vorüberzieht, der hört aus Schlucht und See herauf ein Klingen und Läuten, und wer gar nachts des Weges kommt, wenn der Mond im ersten

Viertel steht, der hat über Stille nicht zu klagen, denn seltsame Stimmen, Rufen und Lachen ziehen neben ihm her.
Und ein schöner Wald ist ‚der Blumenthal'. Die vielen Seen, die ihn durchschneiden, geben, auch wo sie nicht sichtbar werden, seinem Laub eine duftige Frische und ein Blühen ist ringsum, als wolle es der Wald immer wieder beweisen: ich bin ‚der Blumenthal', Rapsfelder an den offenen Stellen, die sich breit in den Wald hineindehnen, würzen im Mai die Luft; dem Blühdorn folgt die Hagerose und dem Faulbaum der Akazienstrauch; die roten Erdbeeren lösen sich ab mit den röteren ‚Mallinekens' (wie der Landmann hier, poetischen Klanges, die Himbeeren nennt) und wenn endlich der Herbst kommt, so lachen die Ebereschenbeeren überall aus dem dunklen Blattwerk hervor. Dabei ein Reichtum an Hölzern, wie ihn märkische Forsten wohl kaum zum zweiten Male zeigen. In reichstem Gemisch stehen alle Arten von Laub- und Nadelholz; Eiche und Edeltanne, Else und Kiefer, Buche und Lärchenbaum machen sich den Rang der Schönheit streitig; vor allem aber ist es die Birke, der Liebling des Waldes, die mit weißem Kleid und langem Haar an dem Auge des Reisenden vorüberfliegt. […]
Aber an Unheimlichem fehlt es noch immer nicht. Das Wildschwein hat es nicht vergessen, daß Jahrhunderte lang ihm diese Stelle gehörte, und in Sommernächten, wenn der Rapsduft vom Felde her in den Wald zieht, dann bricht es in sein altes Revier ein, erst in die ‚Suhle', dann in die Saat und tritt nieder und wirbelt auf. Wer dann im ‚Blumenthal' seines Weges kommt, der hört ein Lärmen und Johlen, ein Grunzen und Quietschen wie in alter Zeit, und er weiß nicht, ist es ein Hexensabbat oder die wilde Jagd."
(*Quelle:* https://www.textlog.de/40517.html)

Zudem existiert auch eine Sage zum Blumenthalsee:
„Wie einige Leute erzählen, ist die Stadt, welche einst im Blumenthal gestanden, in dem dortigen schönen See untergegangen, und daher mag auch der große gelbe Koffer, der ganz mit Eisen beschlagen ist, hineingekommen sein. Man sieht nämlich zuweilen einen solchen dort auf dem Wasser schwimmen, aber kein

Mensch kann ihn herausziehen, und wenn die Fischerknechte ihn mit Stricken herausziehen wollten, und ihn oft schon ganz sicher zu haben glaubten, waren die Stricke plötzlich wie abgeschnitten und der Koffer wieder an der alten Stelle. Ueberdies ist das Herausziehen sehr gefährlich, denn mancher, der es thun wollte, ist schon dabei im See ertrunken.

(*Quelle*: http://www.sagen.at)

Erzählung von Ursula Blaim

Heike, Stefan und ich trafen im Frühherbst 2009 am Campingplatz in Tiefensee ein, um das ganze Wochenende lang den angeblichen Spuk von Blumenthal zu erkunden. Wir hatten davon gehört, dass in der Umgebung des Waldes immer wieder Häuser, Wege oder Zäune auftauchen und dann wieder verschwinden würden.

Nachmittags in der nahen Ortschaft angekommen, stellten wir das Auto ab und wollten uns sofort einen ersten Eindruck von der Gegend verschaffen. Da man uns vor den Wildschweinen gewarnt hatte, die den Wald auf dem Weg zum See unsicher machten, suchten wir nach einer Alternative. An einem Schranken vorbei gelangten wir auf eine durch ein Schild gekennzeichnete Privatstraße, die uns ebenfalls ans Ziel bringen sollte. Wir kamen an einem Parkplatz vorbei, auf dem ein Lieferauto stand. Linker Hand befanden sich einige Häuser, wo noch einige Leute trotz regnerischem Wetter auf ihrer Terrasse die laue Herbstnacht genossen, plauderten und lachten. Mir fiel außerdem ein Steingartenhügel auf, der sich rechts neben unserem Weg befand. Gleich darauf erschien in der Ferne oberhalb des Sees eine Wiese, die vom Wald begrenzt war. Wir gingen ein paar Schritte in Richtung Baumgrenze, leuchteten mit den Taschenlampen ins dichte Gehölz, konnten aber keinen weiteren Pfad erkennen.

Plötzlich hörte Heike Schritte hinter uns und wir bekamen Angst, dass jemand in dem kleinen Ort die Polizei gerufen hatte, weil Fremde auf einem Privatweg an den Häusern vorbeischlichen. Doch es war niemand zu sehen, als wir uns umdrehten. Stefan drängte darauf umzukehren, weil ihn irgendetwas beunruhigte. Auch Heike schien mit einem Mal nervös, weshalb wir beschlossen, wieder zum Auto zu gehen.

Auf dem Rückweg passierten wir wieder den Steingarten, doch dann standen wir plötzlich in einer Sackgasse, obwohl das nach logischem Ermessen gar nicht sein konnte. Außerdem stellten wir fest, dass wir plötzlich Gras unter den Füßen hatten, wo zuvor Asphalt gewesen war. Auch das Schild mit dem Hinweis „Privatstraße" tauchte nicht mehr auf. Es blieb uns nichts übrig, als umzudrehen und wieder bis zur Wiese zurückzugehen. Als wir die Straße in die andere Richtung bis zum Ende marschierten und dort die zuvor dort befindliche Kurve erwarteten, war auch diese Straße einfach zu Ende. Rational gesehen ist das unmöglich! Stefan geriet daraufhin in Panik und meinte, er würde schon die ganze Zeit über spüren, dass an diesem Ort etwas faul wäre. Uns blieb nun nur noch der Weg durch den Wald, den wir eigentlich hatten vermeiden wollen. Dort geschah dann nichts Ungewöhnliches mehr, mir fielen nur die eigenartigen Bäume auf, die sich teilweise wie zu Toren geformt über unseren Köpfen wölbten.

Gegen 23 Uhr brachen wir, mit Regenschirmen und Kameras bewaffnet, erneut in Richtung Blumenthalsee auf. Der am Nachmittag nicht auffindbare Pfad war plötzlich wieder an Ort und Stelle! Doch ich hatte die ganze Zeit das Gefühl, als würden mich tausend Augenpaare mit ihren Blicken verfolgen, auch Heike und Stefan wirkten beklommen und schienen Angst zu haben. Unten am Ufer angekommen, begannen wir zu fotografieren, als Heike plötzlich aufschrie, sie habe zwei Schattengestalten am Waldrand gesehen, was Stefan bestätigte. Ich geriet in der Zwischenzeit aufgrund des Gemurmels aus unsichtbaren Mündern, das um mich herum losgebrochen war, leicht in Panik. Wir machten noch weitere Aufnahmen mit Fotoapparat, Kamera und Diktafon, aber als danach nichts mehr Aufregendes passierte und es heftig zu regnen begann, beschlossen wir abzubrechen.

Auf der Fahrt zurück nach Wien beschäftigte mich der verschwundene Weg weit mehr als alles, was wir am See erlebt hatten. Ich beschloss daher, im darauffolgenden Sommer mit meinem Team noch einmal nach Brandenburg zu fahren und die Gegend bei Tageslicht zu erkunden.

Im Mai 2010 machten wir uns auf die Reise nach Deutschland, um das Geheimnis am Blumenthalsee zu lüften – schließlich musste es eine logische Erklärung für die Vorkommnisse geben.

Als wir ankamen, erwartete uns aber eine neue Überraschung, die uns zutiefst verstörte: Wir befanden uns nachweislich an derselben Stelle wie im Herbst zuvor, der Privatweg war da, wo er hingehörte, aber es gab keinen Wald, die Häuser wirkten um ein Vielfaches älter und baufälliger und der Steingarten hatte seine Lage gewechselt. Wir sind jede Ecke abgegangen, haben das alte Videomaterial mit der neuen Situation vor Ort verglichen und dabei festgestellt, dass nichts mehr so war wie noch Monate zuvor.

Wir haben bis heute keine Erklärung für diese Erlebnisse und können nur spekulieren, dass wir bei der Ankunft am Blumenthalsee im Herbst 2009 in eine andere Zeit gerutscht sind, was das Universum im Laufe unseres Aufenthalts zu regulieren versucht hat, während im Mai der Istzustand wiederhergestellt worden war und wir uns wieder auf der für uns aktuellen Zeitspur befanden.

Die andere Susanne

Baden/NÖ, Österreich

Erzählung von Gabriele Hasmann

Vor einigen Jahren ist mir selbst etwas passiert, das ich bis heute nicht begreife. Es gibt keinen Grund dafür, nicht darüber zu berichten, da es sich um eine äußerst interessante Begebenheit handelt. Und auch wenn ich nicht zu den sensitivsten Menschen zähle, außer negativen Energien üblicherweise keinerlei übersinnliche Phänomene wahrnehme, habe ich die andere Susanne gesehen.

Es war im Jahr 1999, als ich wieder einmal mit Freunden ein geselliges Beisammensein in unserem damaligen Stammlokal genoss. Wir sind zu sechst an einem Tisch gesessen und hatten es recht lustig. Unter den Leuten befand sich auch Susanne, die ich zu diesem Zeitpunkt schon lange kannte und an der mir zuvor nie etwas Seltsames aufgefallen wäre. An jenem Abend aber erzählte sie in der Runde, dass sie mehrere Persönlichkeiten hätte. Ich dachte sofort an Schizophrenie und erschrak heftig, doch sie beruhigte uns sofort und meinte, dass es sich dabei um keine Krankheit, sondern um eine „spirituelle Abnormität" handelte. Sie sagte: „Früher wusste ich nicht genau, was mit mir los war, konnte die anderen beiden Identitäten nicht kontrollieren bzw. ihr Auftauchen steuern. Meine Eltern dachten einfach, ich wäre ein verhaltensauffälliges Kind und gingen mit mir zum Therapeuten. Der konnte allerdings nichts feststellen, meinte nur, ich sei sehr lebhaft und verfüge über eine lebhafte Fantasie.

Später lernte ich, es mir nicht anmerken zu lassen, wenn die beiden anderen übernehmen, da ich als Susanne immer am dominantesten bin und die anderen beiden im Zaum halten kann. Meistens jedenfalls. Ich habe keine Ahnung, worum es sich dabei handelt, denke aber, dass ich in der Zeit switche, ohne es zu wollen. Und die anderen haben dann entweder mich in meiner Vergangenheit, Gegenwart oder Zukunft vor sich, sehen aber immer nur mich in der Gegenwart. Warum meine Umgebung und die darin befindlichen Personen nicht ebenfalls das Jahrzehnt wechseln, weiß ich auch nicht."

Wir alle am Tisch waren sprachlos und wussten nicht so recht, wie wir reagieren sollten. Ich selbst schwankte zwischen ungläubigem Staunen, peinlich berührtem Kichern und großer Sorge um meine Freundin.

„Und wer sind ‚die anderen'?", traute sich Lisa zu fragen.

„Mit mir bewohnen und beseelen meinen Körper Susa, ein ziemlich freches Mädchen von acht Jahren, und Su, eine exzentrische Lady von über 50, ihr genaues Alter offenbart sie nicht."

„Typisch Frau!", grölte Stefan, um die Situation etwas zu entspannen, aber niemand lachte.

„Und wer sind die?", wollte Georg wissen.

„Na ich bin das", erklärte Susanne. „Ich als Kind und ich in ca. 20 bis 30 Jahren."

Etwa eine Minute lang sprach niemand auch nur ein Wort, man konnte sehen, wie es in den Köpfen der Personen am Tisch arbeitete. Ich überlegte währenddessen: Wie viele Biere habe ich eigentlich schon getrunken? Gleich darauf wurde mir klar, dass ich in vollkommen nüchternem Zustand gehört hatte, was meine Freundin behauptete. Als alle wieder zu sprechen begannen, waren Spannung und Skepsis einer aufgeschlossenen Neugierde gewichen und wir plauderten noch eine Weile über die Aufspaltung eines Menschen in drei verschiedene Wesen, später auch über einige weitere paranormale Erlebnisse, die andere in der Runde schon gehabt hatten.

Etwa eine Stunde später musste ich das WC aufsuchen und Susanne stand auf, um mich zu begleiten, da auch sie schon ein dringendes Bedürfnis verspürte. In der Toilette angekommen, schickte ich sie zuerst in die Kabine, da sie schon ein wenig zappelte, danach war ich an der Reihe. Anschließend wusch ich mir die Hände, während meine Freundin hinter mir am Waschbecken stand und im Spiegel ihr Aussehen kontrollierte. Als ich den Kopf hob, schaute ich jedoch nicht in das Gesicht, das ich dort erwartete, sondern in das einer mir völlig unbekannten Frau, die meinen Blick erwiderte und dabei lächelte. Sie sah meiner Freundin zwar ähnlich, war aber deutlich älter, stärker geschminkt und etwas schlanker, außerdem hatte sie kürzeres Haar als Susanne.

Rasch überschlug ich in Gedanken die Menge an Bier, die ich seit meiner letzten dahingehenden Überlegung zu mir genommen hatte, stellte aber erneut fest, dass nicht der Alkohol meine Sinne vernebelte, sondern die Situation völlig real war. Ich drehte mich um und wollte etwas sagen, doch vor mir stand … Susanne. Also hielt ich meinen Mund und ging kurz darauf etwas steifbeinig und vermutlich mit einem um eine Nuance helleren Teint zurück an den Tisch. Prompt wurde ich auch gefragt, ob ich mich nicht wohl fühlte, da ich plötzlich so blass wäre. Ich murmelte etwas wie „Sehr stickig in dem Lokal, Kreislauf, aber alles okay, muss Wasser trinken". Letzteres tat ich dann auch und stieg von Bier auf Soda um. Sicherheitshalber. Ich habe meine Freundin auch nicht gefragt, ob sie mir ihr älteres Ich absichtlich gezeigt hatte, oder es einfach erschienen wäre. Möglicherweise hatte sie auch vergessen, dass man es im Spiegel sieht, und gedacht, ich würde nichts von dem Wandel bemerken. Ihr seltsames Lächeln widersprach dieser These allerdings.

Ich erzählte damals tatsächlich niemandem von diesem Erlebnis und verdrängte es erfolgreich, bis mir etwa ein halbes Jahr später Su noch einmal begegnete.

Ich hatte mich mit meiner Freundin Heidi bei einem Heurigen verabredet, wo an diesem Samstagabend ein Rockkonzert stattfinden sollte – Frontfrau der auftretenden Band war Susanne. Wir saßen bereits auf unseren Plätzen vor einem kühlen Traubensaft, als ich äußerte: „Komisch, dass von den Musikern noch niemand da ist." Heidi meinte, die würden sicher bald kommen, und erzählte mir anschließend von ihrer turbulenten Arbeitswoche. Zwischendurch hob sie immer wieder den Kopf und ließ ihren Blick durch den Raum schweifen, wahrscheinlich fand sie es doch auch befremdlich, dass die Band noch nicht anwesend war. Plötzlich sagte sie: „Ah, schau, Susanne ist schon da!"

Ich schaute in die Richtung, in die Heidi deutete, konnte aber niemanden sehen.

„Wo?", fragte ich ratlos.

„Na, da vorne, beim Kartenverkauf. Siehst du sie nicht? Rotes Kleid … dort!“ Sie deutete nach vorne und wirkte bereits ein wenig ungeduldig, weil ich immer noch kein Zeichen des Erkennens gab. Da ich jedoch nicht den Eindruck vermitteln wollte, eine Brille zu benötigen, winkte ich ab und sagte: „Ist egal, sie wird uns dann schon begrüßen. Hauptsache, die Musiker treffen endlich ein.“

Eine Minute später begann Heidi jemandem zuzuwinken und sagte: „Da ist sie ja schon!“ Ich schaute in den Gang, in dem eine Person auf uns zueilte, sah aber niemanden, der mir bekannt vorkam. Meine Freundin am Tisch musste aber bemerkt haben, dass ich immer noch keine Ahnung hatte, was sie meinte, und schaute mich besorgt an. Angestrengt blickte ich auf die Frau, die jetzt schon fast vor uns stand und breit lächelte, als mir klar wurde, dass es sich um Su handelte. Ich verfiel wohl in eine Art Dämmerzustand, hörte sie wie aus weiter Ferne sagen: „Hallo ihr zwei, fein, dass ihr da seid. Wir sind spät dran, weil Tom sich so viel Zeit gelassen hat. Aber wir werden mit maximal 15 Minuten Verspätung beginnen. Alex baut schon auf. Gabi? Alles in Ordnung? Ich bin es, Susanne!“ Sie lachte, während sie mit ihrer Hand vor meinem Gesicht herumwedelte.

Als ich aus meiner Trance erwachte, stand auch tatsächlich meine Freundin vor mir – mit ihrem Aussehen der Gegenwart. Auch in dieser Situation habe ich nicht verraten, was mir passiert war, konnte erst Jahre später darüber sprechen. Kontakt zu Susanne habe ich mittlerweile nur noch sehr spärlich, da sie ins Ausland gezogen ist. Wir konnten uns nie offen über das Vorgefallene austauschen. Su habe ich bei meinen weiteren Treffen mit meiner Freundin nie wieder gesehen.

Wo ist meine Mutter?

Mödling/NÖ, Österreich

Erzählung von Y. S.

Meiner Familie ist vor 13 Jahren etwas Schräges passiert, das mir bis heute in der Form, wie es geschah, niemand glaubt.

Ich war gerade 20 Jahre alt geworden und bereitete mich an dem Tag, der mein Leben auf den Kopf gestellt hat, auf eine schwere Prüfung auf der Uni vor, wo ich Medizin studierte. Mittlerweile übe ich den Beruf der Allgemeinmedizinerin aus. Schon damals habe ich leidenschaftlich nur an das geglaubt, was im Rahmen der Naturwissenschaften bewiesen werden kann, und Menschen ausgelacht, die von göttlichen Wundern, paranormalen Vorkommnissen oder UFO-Sichtungen berichteten. Mir kam das immer so vor wie eine Flucht vor der Wirklichkeit bzw. Realitätsverweigerung – aus Einsamkeit, Sensationslust oder anderen Gründen. Ich jedoch stand mit beiden Beinen fest auf dem Boden der Tatsachen, als geschah, was so niemals hätte stattfinden können.

Die Sonne strahlte hell in mein Zimmer, wo ich auf dem Bett saß und lernte. Der Stoff war sehr schwierig und mir rauchte nach zwei Stunden bereits der Kopf. So beschloss ich, mir eine Pause zu gönnen und einen Kaffee zu trinken. In der Küche, wo ich eigentlich erwartete, auf meine Mutter zu treffen, kochte auf dem Herd eine Suppe. Ein intensiver Geruch nach Rindfleisch und Gemüse lag in der drückend schwülen Luft, der Dampf hatte sich bereits überall abgesetzt und rann in dicken Tropfen über die Oberflächen der Einrichtungsgegenstände. Ich riss das Fenster auf, damit die klirrend kalte Winterluft den Raum abkühlte und den Dunst vertrieb. Dann rief ich nach meiner Mutter, die sich im Haus aufhalten musste, da sie, wäre sie fortgegangen, erstens Bescheid gesagt und zweitens den Herd abgedreht hätte. Ich bekam allerdings keine Antwort und beschloss daher, im Keller nachzusehen, wo sie sich aber nicht aufhielt.

Anschließend lief ich von Raum zu Raum, wurde aber nicht fündig. Seufzend schlüpfte ich in meine Winterstiefel und suchte den Garten ab, doch meine Mutter war nirgendwo zu sehen. Ich beschloss, sie auf ihrem Handy anzurufen, aber niemand hob ab. Schön langsam gingen mir die Ideen aus. Ich konnte nur noch meinen Vater fragen, der sich in Wien in seinem Büro befand. Bei dem Telefonat kam allerdings auch nichts Neues heraus, er meinte nur, sie müsste eigentlich zu Hause sein. Da war sie aber nicht – außer, sie hatte sich in einem Schrank oder unter dem Bett versteckt, wovon ich allerdings nicht ausging.

Ich ging zurück in die Küche und rückte den Topf von der Platte, schaltete den Ofen aus und dachte: Sie musste offenbar ganz schnell irgendwohin, sodass keine Zeit geblieben war, mich zu verständigen. Sie dachte vielleicht, sie wäre gleich zurück und die Suppe könnte bis dahin weiterkochen. Möglicherweise hatte sie eine Nachbarin gerufen, weil sie Hilfe benötigte.

Ich machte mir einen Kaffee und ging wieder auf mein Zimmer, um weiterzulernen. Als meine Mutter abends noch immer nicht nach Hause zurückgekommen war, begannen mein Vater und ich uns langsam Sorgen zu machen. Da sie dann auch nachts nicht zurückkehrte, erstatteten wir am folgenden Tag eine Vermisstenanzeige. Wir mussten viele Fragen beantworten, beispielsweise, ob die abgängige Person schwer krank oder depressiv gewesen wäre, mit uns Streit oder andere Probleme gehabt hätte.

Unser Argument, dass üblicherweise kein Mensch zu kochen beginnt, wenn er verschwinden möchte, und schon gar nicht den Herd anlässt, beantworteten die Beamten mit dem Wort „Kurzschlusshandlung". Ich war mir aber ohnehin ganz sicher, dass uns meine äußerst verantwortungsbewusste Mutter nicht im Stich gelassen hatte. Doch komplett ausschließen konnte man es natürlich auch nicht. Vielleicht war sie entführt worden? Allerdings hätte ich das doch vermutlich mitbekommen. Mein Vater und ich wussten nicht mehr, was wir denken sollten, und waren völlig verzweifelt.

Drei Tage später saß ich wieder in meinem Zimmer und versuchte, mich auf die Prüfung vorzubereiten, die schon ein paar Tage später stattfinden sollte. Ich konnte mich kaum konzentrieren, weil ich mir große Sorgen machte und Angst hatte, dass unsere kleine glückliche Familie zerbrach.

Plötzlich vernahm ich Geräusche im Untergeschoss. Da sich außer mir aber niemand im Haus aufhielt, befürchtete ich, es könnten Einbrecher eingedrungen sein. Panisch suchte ich nach einem Gegenstand, mit dem ich mich im Notfall verteidigen konnte, und schnappte mir einen meiner Golfschläger. Leise öffnete ich die Tür und trat auf Zehenspitzen auf den Gang hinaus. Irgendjemand schien in der Küche auf und ab zu gehen, denn ich hörte das Quietschen von Schuhsohlen auf dem PVC-Boden. Offenbar war mein Vater früher von der Arbeit nach Hause gekommen, um mir im Haushalt zu helfen, damit ich genug Zeit zum Lernen hatte, war die logische Erklärung. Ich beschloss, hinunterzugehen und ihn zu begrüßen. Rasch wischte ich mir die Tränen aus den Augen, die ich kurz zuvor vergossen hatte, um ihn nicht noch trauriger zu machen, als er es ohnedies schon war.

Als ich die Küche betrat – immer noch ein wenig vorsichtig aus Furcht vor Einbrechern –, glaubte ich, meinen Augen nicht trauen zu können, denn vor mir stand … meine Mutter! Sie wirkte etwas ratlos und verwirrt, während sie sich im Raum umblickte. Erleichtert umarmte ich sie und fragte, wo sie gesteckt hatte. Ihre Antwort gab mir den Rest: „Was, bitte meinst du? Wo soll ich denn gewesen sein? Allerdings ist hier etwas komisch … Mir war vorher etwas schwindelig, ich musste mich setzen und kurz die Augen schließen. Und jetzt ist die Suppe weg." Ich dachte: Hier ist mehr komisch, viel mehr.

Ich versuchte, meiner Mutter mitzuteilen, was sich zugetragen hatte, doch sie lachte mich nur aus, meinte, ich erlaubte mir einen Scherz mit ihr. Dann zeigte ich ihr die Datumsanzeige auf dem Laptop, der im Wohnzimmer stand, drehte anschließend den Fernseher auf und verglich die laufende Sendung mit dem TV-Programm, um ihr zu beweisen, dass drei Tage vergangen waren. Endlich glaubte sie mir und schüttelte fassungslos den Kopf. Wir konnten uns den Vorfall nicht erklären. Ich rief dann sofort meinen Vater in der Arbeit an, der glücklich ins Telefon rief: „Ich komme sofort nach Hause!" Als er eine halbe Stunde später eintraf, erzählten wir ihm, dass seine Ehefrau bzw. meine Mutter nicht wusste, dass sie verschwunden gewesen und für sie in der Zwischenzeit nur etwa eine Viertelstunde vergangen war.

Eine Woche später saßen wir alle drei bei einem Therapeuten, dem wir das Erlebte schilderten, meine Mutter aus ihrer, mein Vater und ich aus unserer Sicht. Doch auch der Fachmann konnte nicht feststellen, was uns passiert war, meinte nur lapidar, wir sollten den Vorfall vergessen und nicht länger zu analysieren versuchen. Vermutlich dachte er, wir wären alle drei nicht ganz normal, sprach es aber nicht aus.

Natürlich war es nicht so einfach, dem Rat des Therapeuten zu folgen; wir kämpfen bis heute darum, zur Normalität zurückzufinden. Schön langsam gelingt es.

Die geheimnisvolle Burg

Gainfarn/NÖ, Österreich

Bericht von Gabriele Hasmann

Die Höhenburg in Gainfarn nahe Bad Vöslau dürfte bereits zu Beginn des 12. Jahrhunderts erbaut worden sein. Die erste Erwähnung in Verbindung mit den Rittern der Merkensteiner aus dem Falkensteiner Codex stammt aus der Zeit um 1170. Im Jahr 1482 quartierte sich der Ungarnkönig Matthias Corvinus auf der Burg ein, die dann von Kaiser Friedrich III. belagert wurde, aber nicht besetzt werden konnte. 1683 wurde der Bau von den Türken eingenommen und zerstört, dabei kamen rund hundert Menschen, die in den Mauern Schutz gesucht hatten, ums Leben.

Bei dem Bauwerk herrschen starke energetische Schwingungen, die Menschen positiv aufladen. Den Kraftring um die Burg nutzen allerdings auch feinstoffliche Wesen aus der Zwischenwelt, um sich den Lebenden zeigen zu können.

Zwei Spukerscheinungen tauchen immer wieder auf: ein ärmlich gekleideter Mann, der im Burghof auf einem Stuhl sitzt und plötzlich mit einem Aufschrei und einer blutenden Wunde zu Boden stürzt, und eine adelige Dame, die vor den Ruinen schwarze Handschuhe ablegt, um sich gleich darauf in Luft aufzulösen. Darüber hinaus finden Besucher der Burg immer wieder ein und denselben Ring an verschiedensten Stellen auf dem Boden liegen.

Während eines Ausflugs zu der Ruine hatte ein Ehepaar ein sehr seltsames Erlebnis. Die Frau wusste von der Pächterin des Gemäuers, dass sie einen bestimmten Raum nicht betreten konnte, weil sie dort Beklemmungen verspürte, hatte aber keine Ahnung, um welchen Raum genau es sich handelte. Als sie mit ihrem Mann durch die Anlage spazierte, fühlte sie an einer bestimmten Stelle einen starken Druck auf der Brust und konnte nicht mehr weitergehen, weil sie kaum Luft bekam. Zudem roch es unangenehm verbrannt und zugleich süßlich. Später erfuhr sie von einem Einheimischen, dass die Merkensteiner Ritter in dieser Ecke die Leichen ablegten.

Sie fragte auch bei der Pächterin nach, die ihr bestätigte, dass es sich um exakt diesen Raum handelte, in dem auch sie es nicht aushielt. Der Mann ging während des Besuchs auf der Burg dann vor in den Wald, weil er ein dringendes Bedürfnis verspürte, während die Frau noch zwei Fotos machte. Kurz darauf, es waren vielleicht zwei oder drei Minuten vergangen, kam ihr Gatte zurück und fragte sie, wo sie denn so lang bleibe. Angeblich hatte sie sich fast eine halbe Stunde allein in der Ruine aufgehalten. Als die beiden das Mauerwerk verließen, nahmen sie ein seltsames Flimmern am ehemaligen Burgtor wahr, als wäre es sehr heiß und die Luft befände sich in Bewegung. Allerdings fand der Ausflug des Ehepaars im Winter statt!

Eine Gruppe von Teenagern hat im Sommer 2017 nahe der Ruine in den Abendstunden eine Geisterbeschwörung mithilfe eines Ouija-Bretts durchgeführt und Schreckliches erlebt.

Nadine erzählt: „Zuerst hat das aufgesetzte Glas nur zögerlich auf unsere Fragen reagiert, doch dann ist es plötzlich immer schneller im Kreis rotiert, sodass unsere Finger laufend vom Rand abgerutscht sind. Wir haben daraufhin versucht, die Séance abzubrechen, was jedoch nicht gelang – das Glas ist ganz von allein über das Brett gefahren. Und dann haben wir Geräusche um uns herum gehört. Die Jungs dachten zuerst, wir hätten Tiere angelockt, doch die Wesen waren direkt neben uns, obwohl keiner etwas gesehen hat. Wir saßen immer noch im Kreis und konnten uns vor Schreck nicht bewegen, als mit einem Mal ein Hase ohne Kopf vor uns auf den Boden fiel, als hätte ihn jemand von oben auf uns hinuntergeworfen. Da sind wir schreiend aufgesprungen, haben zusammengepackt und das Weite gesucht. Keiner von uns greift je wieder ein Ouija-Brett an."

Natürlich glaubte niemand den Teenagern auch nur ein Wort. Doch an einem der Folgetage wurde das tote Tier, das angeblich nicht existierte, fotografiert und bei Facebook ins Netz gestellt.

Einige Wochen, nachdem die Gruppe Jugendlicher während einer Geisterbeschwörung von einem paranormalen Vorkommnis erschreckt worden war, nahmen sich die Stone Hole Ghosthunter (www.stone-hole-ghosthunter.de) unter der Leitung von Obmann

Christian Geistler dieses Phänomens an und berichteten Folgendes: „Wir fuhren zu der Burg, um nachzusehen, ob dort nach der unsachgemäß durchgeführten Séance ein Portal offen steht. Im Laufe der ersten PU (paranormalen Untersuchung) mit EVP (Electronic Voice Phenomenon – Tonbandstimmen) erhielten wir ein ‚Hallo', hörten einige Stimmen und empfanden Kälte trotz 25 Grad Außentemperatur.

Bei der späteren Auswertung des aufgenommenen Materials stellte unser Medium fest, dass sich das Portal neben dem Brunnen befindet und sich in der Umgebung der Ruine mehrere gequälte Seelen aufhalten, die einfach nur in Ruhe gelassen werden wollen. Sie haben sich durch die Geisterbeschwörung der Jugendlichen gestört gefühlt und sie deshalb erschreckt. Auf den Tonbändern war zudem der Name ‚Anton' oder ‚Anatol' zu hören sowie der Befehl ‚Geht!'. Zu einem geeigneten Zeitpunkt werden wir das Portal schließen!"

Nur ein paar Tage später, das Tor zur Anderswelt stand immer noch offen, berichteten einige Wanderer von einem weiteren paranormalen Erlebnis: „Wir hielten uns direkt bei der Ruine auf und verspeisten vor der idyllischen Kulisse rund um das Gemäuer gerade unsere Jausenbrote, als ein altmodisch gekleideter Mann, um die 20 Jahre alt, an uns herantrat. Er war sehr dünn, wirkte außerdem irgendwie verwirrt und ratlos, schien uns aber nicht direkt ansprechen zu wollen.

Also fragte ich ihn: ‚Ist alles in Ordnung?' Er antwortete, dass er sich nicht auskennen würde. Er wollte angeblich kurz zuvor seine Gattin aus einer Dorfkirche in der Steiermark abholen und wäre dort in eine Art Loch gefallen, das ihn in die Tiefe gesaugt hätte. ‚Es hat sich angefühlt, als würde ein Magnet alles, was sich in meinem Körper befindet, durch meine Nase herausziehen, als bliebe nur die Hülle übrig. Dann bin ich ohnmächtig geworden und dort vorne …', er deutete an eine nicht näher definierte Stelle im Wald, ‚… wieder zu mir gekommen. Ich hab keine Ahnung, wo ich jetzt bin.' Wir haben ihm gesagt, er würde sich in Niederösterreich befinden, in Bad Vöslau bei der Ruine Merkenstein. Der Mann hat dann ein paar Minuten vor sich hingestarrt und gefragt: ‚Welchen Tag haben wir? Vielleicht bin ich, ohne es zu wissen, in einem tagelangen Fußmarsch hierher gegangen?' Ich teilte ihm das Datum mit: 7. Juni 2018. Und dann fiel er um, einfach so.

Wir hatten bis zu diesem Zeitpunkt eigentlich gedacht, dass uns ein paar Freunde einen Streich spielten. Aber jetzt war der Mann ohnmächtig. Wir rüttelten ihn so lange, bis er wieder zu Bewusstsein kam, gaben ihm Wasser und boten ihm ein paar von unseren belegten Broten an. Er aß und trank, bis er wieder etwas zu Kräften gekommen zu sein schien. Dann schaute er uns unsicher an, als wüsste er nicht, ob er sich uns offenbaren sollte. Als wir ihn dazu ermunterten, berichtete er, dass er gerade erst aus dem Krieg heimgekehrt wäre und nun versuchte, wieder ins Leben zurückzufinden. ‚Gerade haben meine Frau, die Kinder und ich wieder näher zusammengefunden, und jetzt passiert das?' Der arme Kerl zitterte am ganzen Körper, zog einen Ausweis aus einer Tasche seiner staubigen Jacke und hielt mir ein zerknittertes Dokument vor die Nase: Jakob Anwandter, geboren am 9. Februar 1905. Das Foto war völlig ausgebleicht, weshalb ich nur eine vage Ähnlichkeit der abgelichteten Person mit dem Fremden vor mir feststellten konnte.

Wir hielten diese Geschichte allerdings ohnehin immer noch für einen Scherz – solche Ausweise und diese alte Kleidung kann man schließlich auf jedem Flohmarkt kaufen. Wir fragten noch weiter und erfuhren Details aus der vermeintlichen Existenz des Mannes, der jedoch schon bald wieder schwächer zu werden schien. Gerade als ich vorschlagen wollte, mit ihm ins Krankenhaus zu fahren, hörten wir ein seltsam sirrendes Geräusch, das immer lauter wurde. Außerdem spürten wir eine Art Kraft, die an uns zog und zugleich schob – wir konnten uns jedenfalls keinen Millimeter vom Fleck bewegen. Gleichzeitig begann unsere Umgebung zu zerfließen und sich in alle möglichen Richtungen zu verschieben. Die drei Mädchen in unserer Gruppe weinten und schrien, während ich mich laufend übergeben musste und mein Kumpel nur noch panisch keuchte, weil er offenbar keine Luft bekam. Im Augenwinkel sah ich, wie der Fremde irgendwie weggesaugt wurde, während er tonlos Schreie ausstieß. Gerade, als ich dachte, ich würde kollabieren, normalisierte sich alles wieder, bis auf den Umstand, dass der 20-jährige Mann verschwunden war – vermutlich zurückgekehrt in seine Zeit. Was da genau passiert ist, kann ich nicht sagen, will es eigentlich auch gar nicht wissen, aber garantiert nicht noch einmal erleben!"

Und donnerstags grüßt das Murmeltier

Mödling/NÖ, Österreich

Bericht von Gabriele Hasmann

Im Jahr 1784 streifte ein bekannter Frauenheld durch die Straßen von Mödling, der als einer der größten Liebhaber aller Zeiten gilt: der venezianische Schriftsteller, Abenteurer, Lebenskünstler, Doktor beider Rechte, Lotterie-Einnehmer, Falschspieler, Hochstapler, Ritter des päpstlichen Ordens vom Goldenen Sporn und Geheimagent der venezianischen Inquisition Giacomo Casanova. Er besuchte in der kleinen Stadt, damals noch ein Dorf im idyllischen Wienerwald, seinen jüngeren Bruder Francesco, einen begabten und erfolgreichen Schlachtenmaler. Der nagte aufgrund seines kostspieligen Lebensstils allerdings ständig am Hungertuch, floh vor seinen Gläubigern 1783 zuerst nach Wien und zog drei Jahre später, nachdem ihn ein Schuldeneintreiber dort ausfindig gemacht hatte, „aufs Land“ nach Mödling.

Besonders angetan hatte es ihm „die Brühl“ (alte Bezeichnung für eine sumpfige Talniederung) im Bezirk, die mit ihren schroffen Berghängen, den tiefen Schluchten und herrlichen Wiesen und Wäldern die Menschen immer schon in ihren Bann zog und zahlreiche Künstler inspirierte.

Und so quartierte sich Francesco vorerst im Gasthof „Höldrichsmühle“ in der Hinterbrühl ein. Mit seinem Bruder Giacomo verbanden Francesco weiterhin eine enge Freundschaft und ein reger Briefwechsel.

Nach dem Tod von Fürst Kaunitz 1794 wurde Giacomos jüngerer Bruder erneut von seinen Gläubigern bedrängt und im Juli 1800 „über das gesamte im Lande Niederösterreich [...] befindliche Vermögen des Franz Casanova, akademischer Maler“ der Konkurs eingeleitet. Zuvor hatte er im Jahr 1797 noch ein Haus in der Vorderbrühl Nr. 2 erworben, das einem gewissen Freiherrn Josef von Penkler gehört hatte, der jedoch aufgrund riskanter Spekulationen und daraus resultierender finanzieller Probleme verkaufen musste. Heute befindet sich auf diesem Grund am Nordrand der Meiereiwiese der Parkplatz zwischen den ehemaligen Lokalen „Föhrenhof" (Meiereigasse 12), einst ein Kuhstall, und „Schweizerhaus" (Meiereigasse 11), früher ein Kiosk. Im Jahr 1915 waren dort laut dem Kunsthistoriker Theodor von Frimmel (1853–1928) noch Reste der Kellermauern von Francesco Casanovas „Tuskulum" (= Landsitz), von ihm auch „seine Eremitage" genannt, zu sehen. Francesco gestaltete das Gebäude nach dem Erwerb zu einem feudalen Landhaus um, mit einer Allee und einem parkähnlichen Garten, in dem sich ein Neptunbrunnen mit Statue und kleine Lusthäuser befanden.

Nicht weit von Francescos Landhaus entfernt befand sich die Taverne „Zu den zwei Raben", die klein, aber stets gut besucht war. Der Maler hielt hier so manches Mal Einkehr, um einen frisch ausgebackenen Fisch zu verspeisen.

Und – um den Kreis zu schließen – so kam es dazu, dass einer der größten Liebhaber aller Zeiten, der Frauenheld Giacomo Casanova, Ende des 18. Jahrhunderts durch die Straßen Mödlings flanierte, wenn er bei seinem Bruder zu Gast war.

Francesco Casanova (in Österreich auch „Franz von Casanova" genannt) starb noch vor der Pfändung seines Hab und Guts am 8. Juli 1803, nach einer Lungenerkrankung völlig entkräftet, in seinem Haus am Fuß der Burg Mödling im Alter von 76 an „Abzährung".

In der Zeitung *Das Vaterland* hieß es am 23. Mai 1872 rückblickend: „Er war ein sinnloser Verschwender und fuhr stets mit sechs Pferden auf das Land hinaus. Als man dies einstmals dem Kaiser Franz als ein Ungebühr meldete, antwortete derselbst gemüthlich: ‚Laßt's 'n geh'n, er wird's schon amal billiger geb'n.' Und er gab's auch bald billiger, denn er fuhr nicht lange darnach mit Vieren, endlich mit Zweien, zuletzt kaufte er sich ein Mittagsmahl, ein Paar Bratwürstel, auf dem ‚Platzl' in St. Ulrich und aß es gleich daselbst stehend."

Francesco Casanova wurde am 10. Juli auf dem „alten Hinterbrühler Friedhof", den man 1840 stillgelegt hat, beigesetzt. Sein Grabstein ist um 1850 verschwunden und nie wieder aufgetaucht.

Nach Francescos Tod wurde sein Landgut an Fürst Stanislaus von Poniatowski verkauft, von dem es 1807 Fürst Johann I. von Liechtenstein erwarb. Der neue Besitzer ließ anstelle des Kuhstalls den Meiereihof, einen Kiosk sowie einen Rundweg erbauen. Bei der Erweiterung des ursprünglichen Wegs zu einer Straße bei der Einbindung in die Brühler Straße musste nahe der Meiereiwiese eine alte Kapelle entfernt werden, was vielfach als schlechtes Omen gedeutet wurde.

Am 20. April 2012 ist das Restaurant „Föhrenhof“ (vormals Meiereihof) abgebrannt. Der im März 2015 im Alter von 52 Jahren verstorbene Pächter des Lokals, der auch im Haus wohnte, hat an diesem Tag privat wie geschäftlich alles verloren.

Die Gegend ist verflucht, so erzählen es die älteren Einwohner von Mödling, allerdings nicht erst seit dem Tag, an dem die Kapelle abgerissen wurde. „Und spuken tut es dort auch“, ist die einhellige Meinung der abergläubischen Leute.

Aber nicht nur das! Es tritt auf der Meiereiwiese noch ein anderes Phänomen auf.

Quelle: „Spuk in Niederösterreich“ von Gabriele Hasmann (Verlag Ueberreuter, Wien 2016)

Erzählung von E. F.

Ich wohne seit einem halben Jahr in Mödling und ebenso lange kenne ich Francesco Casanova, den jüngeren Bruder des berühmten Frauenhelden Giacomo – ich treffe ihn jeden Donnerstag, aber nicht als Geist, sondern als Zeitreisenden. Er ist schon relativ gebrechlich, ein alter Mann, bekleidet mit hellen Strümpfen, schwarz-goldenen Schnallenschuhen, dunkelblauen pludrigen Hosen, einem weißen Hemd und einem gelben Gilet. Das ergraute lange Haar trägt er aus der Stirn gekämmt und hinten zu einem Zopf gebunden.

Da ich ganz in der Nähe wohne, gehe ich mit meinem Hund Almo regelmäßig zur Meiereiwiese Gassi. Und da erleben wir an jedem Donnerstag am frühen Abend dasselbe Phänomen: Francesco geht dort spazieren, zieht erfreut den Hut, sobald er uns erblickt, und unterhält sich anschließend zehn bis 15 Minuten mit mir, ehe er weiterschlendert. Wir plaudern zur Einstimmung meistens über das

Wetter und dann berichtet er mir, was er die Woche über alles erlebt hat – die verbringt er nämlich an den anderen Orten, an welchen er „in seiner richtigen Zeit“ gewohnt hat, unter anderem in London, Venedig, Paris und Wien.

Einmal hat er mir erzählt, wie es dazu gekommen ist, dass er in die Zukunft reisen kann: „Ich habe im Jahr 1799 vor dem Stephansdom einen Mann kennengelernt, der mir im Vertrauen von einer Konstruktion erzählte, die ihn in jede gewünschte Zeit transportiert. Natürlich konnte ich ihm keinen Glauben schenken, weshalb er mich zu sich nach Hause einlud. Er wohnte in einem großen Haus am Cobenzl, bewirtete mich zuerst feudal, ehe er mich in den Keller führte und mir sein Wunderwerk zeigte. Er wollte mir beweisen, dass es funktionierte, doch ich bekam es mit der Angst zu tun und habe mich verabschiedet.

Vier Monate später traf ein Schreiben bei mir ein, in dem ich darüber informiert wurde, dass der Mann verstorben war und mir seine ‚Zaubermaschine‘ hinterlassen hatte, die ich innerhalb von zehn Tagen abholen kommen sollte. Das tat ich dann auch, weil ich fand, dass sich das so gehörte. Das Ding stand dann wochenlang herum, bevor ich mich dazu entschloss, die Aufzeichnungen des Erbauers zu lesen.

Einige Tage später, an einem Abend im Mai 1800, hatte ich zu viel Branntwein konsumiert und befand mich zudem in heller Aufregung, weil mich einer meiner Gläubiger gefunden und bedrängt hatte, sodass ich mich einfach in diese Kapsel setzte und irgendein Datum in der Zukunft einstellte. Ich dachte mir, wenn es nicht funktioniert, ist nichts verloren, falls doch, entkomme ich dem lästigen Geldeintreiber, der am nächsten Tag wiederkommen und mich weiterquälen wollte. Und es hat geklappt! Natürlich bin ich dann letztendlich doch wieder zurück in die Gegenwart, weil ich mein altes Leben vermisst habe, unter anderem den Austausch mit meinem lieben Freund Luis – Giacomo lebt ja leider nicht mehr –, der allerdings nichts von meinen Ausflügen weiß.

Und seither reise ich täglich für ein paar Stunden an die Orte, an denen ich mich im Laufe meines Lebens aufhielt, allerdings mit jeweils unterschiedlichem Datum. Nur nach Mödling, wo ich in meiner Gegenwart ja auch gerade wohne, komme ich immer zur selben Zeit – um dich und Almo zu treffen."

Ich hatte natürlich längst seinen Lebenslauf gelesen und wusste daher, dass er im Juli 1803 sterben würde. Daher fragte ich ihn eines Tages, um die Gelegenheit noch rechtzeitig zu ergreifen, ob ich auf einen Kurzbesuch mit ihm mitkommen könnte. Doch er erklärte mir, dass in der Maschine nur Platz für eine Person wäre. Wo sie stand, während wir bei der Meiereiwiese plauderten, hat er mir auch nie verraten, ich nehme an, er hat sie gut versteckt.

Wenn wir uns einmal donnerstags nicht sehen, weil ich keine Zeit habe oder mein Freund – der dem Zeitreisenden übrigens nie begegnet ist oder ihn vielleicht auch nur nicht wahrnimmt – den Hund Gassi führt, fragt mich Francesco eine Woche später immer, warum ich nicht aufgetaucht wäre, und drückt seine Enttäuschung darüber aus. Er scheint sich wirklich auf die Treffen mit mir zu freuen und unsere kurzen Gespräche zu genießen. Aber ich muss sagen, auch ich finde unsere Zusammenkünfte ganz besonders und möchte sie nicht missen – Casanova ist ein sehr charmanter, freundlicher und kluger Mann. Allerdings lebt er nicht mehr lange, das bedeutet, wir werden bald für immer Abschied nehmen müssen. Bleibt nur zu hoffen, dass er seinem Freund Luis noch von der Zeitmaschine und seinen Begegnungen mit mir erzählen kann, sodass er mich dann vielleicht besucht.

Das Grab aus der Ritterzeit

Baden/NÖ, Österreich

Bericht von Gabriele Hasmann

Die Burg Rauheneck sicherte im Mittelalter gemeinsam mit den nahe gelegenen Festungen Rauhenstein und Scharfeneck den Handels- und Verkehrsweg von Baden durch das Helenental über Heiligenkreuz bis ins Triestingtal.

Als erster Besitzer der Burg wird in einer Urkunde um 1130 Hartung von Ruhenekke genannt. Der dreieckige Bergfried von Rauheneck, zu dem heute noch eine Holzbrücke über einen ehemals tiefen Graben führt, ist angeblich von einem Ritter Berchthold nach einem Bauplan aus dem Heiligen Land errichtet worden. Im Keller des Turms soll ein Glück bringender Talisman gehangen haben. Der Sage nach zieht Berchthold als unerlöstes Geistwesen klagend in der Burg umher.

Bis ins 15. Jahrhundert trieben im Helenental diebische Ritter ihr Unwesen und störten durch ihre äußerst erfolgreichen Beutezüge den Handel. Die frechen Räuber sollen eine Kette über die Straße zwischen Rauheneck und der schräg gegenüberliegenden Festung Rauhenstein gespannt haben, um die Kaufleute an ihrer Weiterfahrt ins Tal zu hindern und sie auszuplündern.

Auch die Stone Hole Ghosthunter haben Rauheneck bereits mehrmals besucht und sowohl interessante Ergebnisse beim Einsatz verschiedenster Geräte wie dem EMF-Meter zur Messung elektromagnetischer Felder erhalten als auch zahlreiche Sichtungen beim Galgenbaum mitten in der Ruine erlebt. Auf einer Aufnahme war danach auch noch deutlich der Name eines Team-Mitglieds zu hören. Es gab zudem Berührungen unsichtbarer Hände an verschiedenen Körperteilen, die von den Ghosthunters eindeutig wahrgenommen wurden. Zuletzt bat ein Wesen aus dem Jenseits mittels Lichtsignals die Gruppe, als Antwort auf die entsprechende Frage, die Burg zu verlassen. Diesem Wunsch wurde natürlich nachgekommen – offenbar möchten die feinstofflichen Bewohner des Areals nicht gestört werden.

Trotzdem machten sich die Geisterjäger noch mehrmals auf den Weg zur Ruine und erhielten dabei unter anderem einige Nachrichten über die Ghostbox von drei Spukgestalten – einem netten ehemaligen Burgbewohner, der vermutlich zum Gesinde gehörte, einem bösen Raubritter und einer unbekannten Dame. Die weibliche Stimme, die mitteilte, dass sie ihren Namen nicht nennen dürfe, empfingen die Team-Mitglieder in der Kapelle. Es könnte sich dabei um Elsbeth von Rauheneck handeln, die in Ulrich von Gutenstein verliebt war, aber einen Ritter von der Burg Rauhenstein heiraten musste. Ulrich verstarb bei einem Kreuzzug und ließ sein Herz zu Elsbeth bringen. Ihr Gatte servierte seiner Frau das gekochte Organ, die es nichtsahnend aufaß. Als sie erfuhr, was sie verspeist hatte, trat sie in Hungerstreik und verstarb kurz darauf. Darüber hinaus existiert auch ein Foto aus dem Galgenwald, auf dem eine Art Nebel zu sehen ist, obwohl kein feuchter Dunst über der Ruine lag. Eine Profi-Fotografin erkannte, dass es sich bei dem „Schleier" keinesfalls um ein wetterbedingtes Ereignis handelt und hat keine Erklärung für das Phänomen.

Die Zeugin eines weiteren mysteriösen Vorfalls, die anonym bleiben möchte, berichtet: „An einem klaren Tag im August des Jahres 2018 haben mein Mann, unser 14-jähriger Sohn und ich uns an den Aufstieg auf die Burg Rauheneck gemacht, um von oben einen schönen Blick über Baden zu genießen. Ein bisschen Bewegung konnte uns außerdem auch nicht schaden. Es war nicht zu heiß, sodass wir bei der Wanderung kaum ins Schwitzen kamen. Oben angelangt gingen wir auf die Holzbrücke zu, über die man in die Ruine gelangt, wo wir als Erstes unsere mitgebrachten Brote essen wollten.

Ich machte meinen Man auf eine Erdaufschüttung aufmerksam, die sich rechts von dem Steg befand und aussah wie ein Grab. Er scherzte noch und meinte, vielleicht hätte hier jemand nachts eine Leiche verscharrt. Wir betraten in guter Stimmung das Innere des Gemäuers und verspeisten unsere Jause. Danach schauten wir auf die Stadt hinunter, sonnten uns und plauderten miteinander. Dabei stellten wir fest, dass wir die Burg anders in Erinnerung hatten, wir fanden, sie sähe an diesem Tag irgendwie besser erhalten und irgendwie … vollständiger aus.

Simon, unser Sohn, machte sich anschließend daran, das Areal allein zu erkunden. Ich bat ihn, vorsichtig zu sein, damit er nicht abstürzte, aber mit 14 Jahren war er alt genug, um selbst auf sich aufzupassen. Aber schon kurz darauf kam er wieder zurück, erschreckend weiß im Gesicht. Verstört beichtete er uns, dass er aus Neugierde, was sich darin befand, in das ‚Grab' geschaut hatte. ‚Jemand hat dort ein Pferd beerdigt!', flüsterte er und wurde noch eine Spur blasser. Mein Mann wollte ihm nicht glauben und lachte ihn aus. Seiner Meinung nach war es nicht möglich, den Aufstieg mit Pferd zu bewältigen. Und niemand würde doch, wenn das Tier tatsächlich oben verstarb, es dort begraben, dachte auch ich skeptisch. Da wir uns zu diesem Zeitpunkt ohnehin schön langsam auf den Heimweg machen wollten, packten wir zusammen und beschlossen, gemeinsam einen Blick in das Erdloch zu werfen. Einige Minuten später gingen wir über die Brücke … und erstarrten: Die Aufschüttung war spurlos verschwunden. Wir suchten überall, wohl wissend, wo sie sich zuvor befunden hatte – doch wir wollten es nicht glauben und liefen mehrmals nach links und rechts, um das ‚Grab' wiederzufinden. Erfolglos. Simon geriet in Panik und so verließen wir das Burgareal. Beim Abstieg versuchten wir, eine Erklärung für den Vorfall zu finden, doch uns wollte einfach keine einfallen.

Einige Tage später berichtete ich meiner spirituell veranlagten Mutter von unserem Erlebnis und sie erzählte mir dann, dass es einige Meter vor der Ruine eine Art Zeitphänomen gäbe, bei dem Menschen aber nicht in die Vergangenheit oder Zukunft transportiert werden, sondern sich durch kleine Veränderungen an nur manchen Stellen das Jahrhundert ändert. Allerdings immer nur für rund eine Stunde, danach wäre alles wieder beim Alten. ‚Es kann also sein', mutmaßte sie, ‚dass ein Ritter dort oben kürzlich sein Pferd verscharrt hat und ihr in seiner Zeit wart und das Grab wahrnehmen konntet, als ihr angekommen seid. Simon hat es dann auch noch gesehen, bevor es wieder verschwand. Vielleicht hat sich sogar der Besitzer des Tiers in eurer Nähe befunden, ohne dass ihr es bemerkt habt.'

Eine sehr gruselige Vorstellung. So bald werde ich jedenfalls nicht mehr auf die Burg hinaufsteigen!"

Bizarres Rätsel im Schnee

Djatlow-Pass/Ural, Sowjetunion

Bericht von Gabriele Hasmann

Die folgende Geschichte erzählen wir nur als Short Story, da es sich zwar um ein verstörendes Ereignis, aber nicht um eine klassische Zeitanomalie handelt, auch wenn diverse Erklärungsversuche eine solche nicht ausschließen.

Im Februar 1959 bestieg eine Gruppe von zehn Skiwanderern aus Russland bei Temperaturen um die minus 30° C einen Berg im Ural, einem bis 1895 Meter hohen und knapp 2400 Kilometer langen Gebirge in Russland. Sie befanden sich auf einer 14-tägigen Expedition zum Berg Gora Otorten. Einer der Alpinisten, Juri Judin, kehrte aufgrund einer Erkrankung frühzeitig um und war der einzige Überlebende.

In der Nacht auf den 2. Februar geschah etwas bis heute Unerklärliches: Die sieben Männer und zwei Frauen schlugen abends ihre Zelte in der Nähe eines Gebirgspasses (der heute den Namen des damaligen Gruppenleiters Igor Djatlow trägt) auf, um dort die Nacht zu verbringen. Allerdings verließen sie das Lager aus augenscheinlich nicht nachvollziehbaren Gründen schon wenige Stunden später – ohne ihre Ausrüstung und wärmende Kleidung – und erfroren anschließend in der eisigen Kälte der Tundra.

Der eine Woche nach der geplanten Ankunft der Wanderer von deren Angehörigen angeforderte Suchtrupp fand nach längerer Suche am 27. Februar fünf Leichen in der Nähe des aufgebauten Camps am Hang des Cholat Sjachl („Berg des Todes“) – barfuß, nur mit Unterwäsche bekleidet. Das Zelt war komplett zerstört. Einige Tage später stieß die Mannschaft auf die anderen Vermissten, die teilweise nicht ihre eigene, sondern die Kleidung ihrer Freunde trugen und zudem stark radioaktiv belastet waren. Vor ihrem Ableben erlitten sie innere Verletzungen, Schädelfrakturen und Rippenbrüche, einem von ihnen fehlte zudem die Zunge. Die Spuren zeigten, dass die Männer ihre Zelte von innen aufgeschlitzt hatten und den Hang in Richtung der Baumgrenze hinuntergerannt waren. Doch warum?

Die abergläubischen Bewohner des Umlands vermuteten ein Auftreten von Berggeistern, welche die Skiwanderer in den Irrsinn getrieben und danach getötet hätten. Andere glauben an die Tat von Außerirdischen, da zur selben Zeit rund 50 Kilometer entfernt von dem Nachtlager der Skiwanderer ein Lichtphänomen am Himmel beobachtet worden sein soll. Die Polizei wiederum ging anfangs von einem Überfall von durchaus irdischen Gestalten aus, was aber keinesfalls alles erklärt, wie beispielsweise das Tragen der fremden Kleidung. Zudem muss man sich fragen, wer bei dieser Witterung nachts in den Bergen unterwegs ist, um Wanderer auszurauben, die vermutlich nicht sehr viel Geld oder andere Wertgegenstände mit sich führten. Und wie viele Personen wären nötig, um neun sportliche Menschen zu ermorden, die nicht einmal Abwehrverletzungen aufwiesen?

Letztlich stand im Bericht der sowjetischen Behörden, welche die Ermittlungen nach drei Monaten einstellten, dass „massive Naturgewalt" zum Tod der Männer und Frauen geführt haben musste. Mittlerweile machen Forscher den Abgang eines Schneebretts, ausgelöst durch katabatische Winde, für die Katastrophe verantwortlich.

Verfechter der These, dass man es beim „Unglück am Djatlow-Pass" nur mit einem paranormalen Vorfall zu tun haben konnte, erwägen Risse im Raum-Zeit-Gefüge. Demnach wären die Betroffenen in einem völlig anderen Jahrhundert zuerst zur Erheiterung der Beteiligten und/oder Zuschauer zu allerlei unsinnigen Dingen gezwungen, dann gefoltert, anschließend ermordet und danach wieder in die Gegenwart zurückversetzt worden. Wie sie in die Vergangenheit oder Zukunft geraten waren, bleibt bei diesem Erklärungsversuch allerdings unklar.

Nie mehr Schule?

Innsbruck/Tirol, Österreich

Erzählung von M. W.

Es war an einem warmen Montagmorgen im Juni vor sieben Jahren. Ich, ein damals 16-jähriger, pickeliger Gymnasiast, verabschiedete mich zu Hause von meinen Eltern, die frei hatten und noch beim Frühstück saßen, und machte mich auf den Weg zur Schule. Auf dem Weg dorthin traf ich wie jeden Tag meinen Freund und Klassenkameraden Tim. Gemeinsam gingen wir den Rest der Strecke und plauderten über die neue SFI-Serie im Fernsehen, die wir beide gern anschauten, und diskutierten darüber, ob die darin beschriebenen Phänomene in ferner Zukunft wohl Realität sein würden. Dann erzählte mir Tim noch von dem geplanten Urlaub, den er im Sommer mit seiner Mutter in Italien verbringen würde.

Ins Gespräch vertieft, bogen wir zehn Minuten später in die Straße ein, in der sich unsere Schule befand. Dort wurde uns im Laufe der ersten paar Sekunden klar, dass irgendetwas nicht stimmte, es war ungewöhnlich leise. Irritiert blickten wir uns um und bemerkten, dass keine Autos fuhren und sich keine anderen Personen in unserer Nähe befanden, obwohl es dort um diese Uhrzeit vor Schülern, Lehrern und ihre Kinder in den Unterricht bringenden Eltern nur so wimmeln müsste. Hatten wir übersehen, dass es Sonntag oder ein Feiertag war? Nein, das konnte nicht sein. Hatte irgendeine Epidemie um sich gegriffen, die einen Unterricht unmöglich machte? Das würden wir doch bestimmt in den Nachrichten gehört haben. Oder gab es ein Gebrechen im Gebäude, etwa einen Wasserschaden? Das würden wir sicherlich durch einen Aushang an der Tür der Schule erfahren.

Kurz darauf stellten mein Freund und ich allerdings fest, dass die Häuser in der Straße anders aussahen als sonst. Schön langsam machten wir uns Sorgen um unseren Geisteszustand. Hatten wir auf dem Weg zur Schule eine andere Route gewählt, ohne es zu bemerken? Ein Blick auf eine der Hausnummern – eine Tafel, auf der sich auch der Name der Straße stand – bewies, dass wir richtig waren. Zögernd gingen wir weiter, erblickten rechts und links Gebäude, die dort sonst nie standen und sehr alt und schmutzig aussahen. Hinter den Fenstern hingen von der Sonne gebleichte Vorhänge, das Mauerwerk bröckelte, der Putz fiel ab. Nur die Häuser, die wir kannten, sahen beinahe so aus wie immer, nur etwas neuer, fast so, als wären sie gerade erst erbaut worden.

Mein Freund neben mir zitterte bereits vor Anspannung, diese Situation setzte ihm richtig zu. Ich hingegen war eher neugierig als aufgeregt, fand unser Erlebnis eigentlich sehr spannend und allemal besser, als Unterricht zu haben. Endlich kamen wir bei der Schule an bzw. befanden uns vor dem Gebäude, in dem wir üblicherweise unter anderem Mathematik, Deutsch und Englisch paukten. Doch an dessen Stelle stand ein großer Rohziegelbau mit einem riesigen Schornstein auf dem Dach. Es handelte sich wohl um eine Art Fabrik. Es schien darin aber niemand zu arbeiten, da wir keinen Rauch sahen und die Tore geschlossen waren.

Tim wirkte wie versteinert, er brachte auch kein Wort heraus, als ich ihn fragte, was uns seiner Meinung nach gerade passierte. Ich bat meinen Freund, keine Panik zu bekommen, und versuchte, ihn abzulenken. Dabei stellte ich die Vermutung an, dass uns irgendetwas durch ein Zeitloch in die Vergangenheit gezogen hatte. Unsere Umgebung wirkte so, wie sie vor etwa 50 Jahren ausgesehen haben musste. Und dann fiel mir etwas ein: Meine Großeltern lebten ganz in der Nähe in dem Haus, in dem mein Großvater aufgewachsen war. Ich schlug vor: „Lass uns dorthin gehen, mein Opa wird jetzt ein kleiner Junge sein. Dann können wir auch gleich fragen, in welchem Jahr wir gelandet sind!“ Tim sah mich mit fassungslosem Gesichtsausdruck an und antwortete: „Bist du jetzt völlig durchgeknallt? Das weiß doch jeder seit dem Film ‚Zurück in die Zukunft‘, dass man keinesfalls mit seinen nächsten Verwandten Kontakt aufnehmen sollte, weil man damit sonst unter Umständen die Gegenwart ändert. Am besten wäre es, mit gar niemandem zu sprechen, um nichts zu riskieren.“

„Aber wir können uns doch auch nicht unsichtbar machen. Was, wenn uns jemand anspricht?“, argumentierte ich.

„Siehst du hier irgendjemanden?", fragte mein Freund, hob die Arme und blickte sich um. Tatsächlich war die gesamte Straße menschenleer. Es standen auch keine Autos vor den Häusern, die allerdings mehrheitlich bewohnt wirkten.

„Aber vielleicht kommt noch jemand", blieb ich bei meiner Meinung. „Und wenn jemand mit uns reden will …"

„Sag mal", unterbrach mich Tim, „Hast du gar keine Angst, nie mehr zurückzukommen? Was, wenn wir jetzt hierbleiben müssen? Wo sollen wir denn hin, wenn wir noch gar nicht geboren sind, wir haben doch gar kein Zuhause."

Da hatte er allerdings recht, das war ein beunruhigender Gedanke – der spielte aber zehn Minuten später keine Rolle mehr. Als wir nämlich beschlossen, zu meinem in der Gegenwart erst acht Jahre zuvor erbauten Elternhaus zu gehen, um dort nachzusehen, erlebten wir die nächste Überraschung. Kaum hatten wir die Straße, in der üblicherweise unsere Schule stand, verlassen, landeten wir wieder in der richtigen Zeit. Wir fanden alles so vor, wie wir es von unserem täglichen Fußmarsch gewohnt waren. Plötzlich sahen wir auch wieder Menschen und Autos, trafen sogar unseren Mathematiklehrer. Er kam uns entgegen und fragte uns erstaunt, wohin wir denn wollten und ob wir nicht zum Unterricht gingen. Also drehten wir um und bogen wieder in die Straße ein, die wir kurz zuvor verlassen hatten. Auch hier sah es zu unserer Verblüffung aus wie eh und je, von den alten Häusern fehlte jede Spur und anstelle des Backsteingebäudes befand sich wieder unsere Schule.

Wir haben niemandem von unserem Ausflug in die Vergangenheit erzählt, weil wir dachten, uns würde ohnehin niemand glauben. Allerdings sprechen Tim und ich, wenn wir uns treffen, noch heute von dem Vorfall und rätseln, was damals mit uns passiert ist. Jedenfalls haben wir ab diesem Tag jeden Morgen zuerst einmal in die besagte Straße hineingeschaut, ob alles so war, wie es sein sollte, ehe wir sie betraten.

Die rätselhafte Großmutter

Warschau/Woiwodschaft Masowien, Polen

Erzählung von S. E.

Im Sommer 2018 haben mein Freund Gregor und ich uns im Rahmen eines Städtetrips eine Woche lang bei einer alten Dame in Warschau einquartiert, die eine gute Bekannte meiner Mutter war. Wir sparten auf diese Weise Geld für ein Hotel, was uns sehr entgegenkam, weil wir bald heiraten wollten und für das Hochzeitsfest jeden Cent gut gebrauchen konnten.

Bei unserer Ankunft bei dem einfachen Haus, in dem wir einige Tage und Nächte verbringen sollten, wurden wir sehr herzlich von Mila und ihrer gesamten Familie empfangen. Wir staunten darüber, dass drei Generationen und so viele Menschen auf höchstens 200 Quadratmetern auf zwei Ebenen Platz fanden.

Nachdem wir uns in einem Zimmer, das von dreien der Kinder für uns geräumt worden war, eingerichtet hatten, machten wir uns auf den Weg in die Stadt. Wir planten, uns einen ersten Überblick zu verschaffen, ein Restaurant zu besuchen und beim Abendessen die Routen mit den wichtigsten Sehenswürdigkeiten festzulegen. Die Bekannte meiner Mutter bot uns zwar an, für uns eine polnische Spezialität zu kochen, doch wir wollten unbedingt allein in ein Lokal gehen – weil wir gestresst und müde von der Fahrt waren und es in dem Haus aufgrund der vielen Menschen, die dort wohnten – inklusive vierer mehr oder weniger kleiner Kinder –, doch recht laut zuging. Höflich baten wir darum, das Essen mit der ganzen Familie auf den Folgetag zu verschieben, was kein Problem für unsere freundliche Gastgeberin darstellte.

Nach einer erfrischenden Dusche und dem Auspacken unserer Koffer machten wir uns auf den Weg ins Zentrum von Warschau. Wir hatten uns im Internet angesehen, welche Restaurants über die besten Bewertungen verfügten, und danach unsere Wahl getroffen. Zur Sicherheit fragten wir bei der Familie nach, die bestätigte, dass es sich bei dem von uns ausgesuchten Lokal um eines der besten in der Stadt handelte. Es sprachen zum Glück alle Deutsch, weil die Großmutter aus Österreich stammte und darauf bestanden hatte, dass alle Familienmitglieder die Sprache lernten. Wer unter ihrem Dach leben wollte, sagte sie lachend, musste das in Kauf nehmen, auch die Ehemänner ihrer Töchter.

Wir zogen also los, erkundeten die Gegend und betraten gegen 18 Uhr das Restaurant, in dem wir vorher zwei Plätze reserviert hatten. Das Essen schmeckte herrlich, die Atmosphäre war romantisch und wir entspannten uns. Noch während der Nachspeise sowie einem kleinen Mocca für mich und einem kleinen Glas Schnaps für meinen Freund begannen wir mit der Planung unseres kurzen Urlaubs, unserer letzten Auszeit vor der großen Hochzeit im September. Schon bald hatten wir die Routen festgelegt und wussten genau, was wir uns in den folgenden Tagen ansehen wollten – zum Glück ticken Gregor und ich diesbezüglich ähnlich, uns interessieren vor allem kulturelle Highlights und klassische Touristenattraktionen. Und wenn dann auch noch das eine oder andere interessante Event stattfand, das die Traditionen oder die Kunst des Landes repräsentierte, würden wir dieses natürlich auch besuchen.

Nachdem wir im Lokal die Rechnung bezahlt hatten, machten wir uns auf den Weg zurück zu unserer Gastfamilie. Dort angekommen sahen wir bereits von Weitem, dass in jedem Raum Licht brannte, auch in den Kinderzimmern, obwohl die Uhr schon fast Mitternacht anzeigte. Beunruhigt eilten wir zum Haus und sahen sofort, dass die Tür offen stand, und hörten hektisches Stimmengewirr auf die Straße dringen.

Die jüngere Tochter der alten Dame erklärte uns aufgeregt, dass es keine Spur mehr von ihrer Mutter gab und sie daher alle höchst alarmiert seien. Sie würde nie ohne ihren Asthmaspray das Haus verlassen, doch der lag griffbereit auf der Kommode im Vorzimmer, wo er sich immer befand. Auch konnte sich niemand vorstellen, dass Mila ohne ihr Handy wegging, und das lag auf dem Tisch vor dem Fernseher, wo unsere Gastgeberin das letzte Mal gesehen worden war.

„Sie hat sich einen Film angeschaut und mir kaum eine Antwort gegeben, weil der so spannend gewesen sein dürfte“, berichtete die ältere Tochter. „Ich bin dann duschen gegangen, und als ich die Treppe herunterkam, hörte ich den Fernseher, doch Mama ist nicht mehr auf der Couch gesessen. Ich wollte sie etwas fragen und habe sie daher zu suchen begonnen, konnte sie aber nicht finden. Sogar im Garten habe ich nachgeschaut, außerdem im Keller und am Dachboden. Aber sie ist nicht mehr da."

Wir boten an, auch noch einmal überall nachzusehen, wofür sich die Familie, die sich im Flur aufhielt und eine Benachrichtigung der Polizei diskutierte, dankbar zeigte. Wir gingen also ins Wohnzimmer, gefolgt von den Töchtern unserer Gastgeberin, wo wir selbige mit verdatterter Miene vor dem TV-Gerät sitzend vorfanden. Als wäre sie nie weg gewesen!

Sofort brach Jubel los, dann haben alle durcheinandergefragt, es herrschte ein Riesentumult. Die alte Dame selbst wirkte verwirrt und brachte einige Minuten lang kein Wort heraus, dann begann sie zu hyperventilieren und musste ihren Asthmaspray verwenden. Erst dann war sie langsam in der Lage, uns zu erklären, wo sie gesteckt hatte. Ihre Erzählung hörte sich sehr skurril an: „Ich habe mir den Krimi angeschaut, doch plötzlich hat mich irgendetwas angesaugt und weggezogen. Als ich meine Augen wieder öffnete, die ich in Panik geschlossen hatte, lag ich auf einer Wiese, über mir flogen seltsame Objekte und neben mir saß ein Roboter im Gras, auf dessen Display ein Lächeln zu sehen war. Die Luft roch seltsam, wie ein chemisches Putzmittel oder so etwas Ähnliches.

Ich stand auf, obwohl mir die Füße sehr weh taten, und schaute mich um. Als ich ein paar junge Leute entdeckte, lief ich auf sie zu und fragte, wo ich mich befände. Ich konnte mir nicht erklären, was das alles zu bedeuten hatte. Die Frauen kicherten, ehe sie mir antworteten, doch ich konnte sie kaum verstehen. Sie redeten in einer Mischung aus Englisch und Französisch; da ich beide Sprachen ein bisschen kann, wusste ich zumindest sinngemäß, was sie sagten. Sie erklärten mir, dass ich auf der Erde sei. Wo auch sonst? Aber alles sah ganz anders aus, die Autos, die Gebäude, die Kleidung der mir gegenüber befindlichen Personen … Also wollte ich wissen, welches Datum wir hätten, und einer der Männer hielt mir wortlos eine Zeitung unter die Nase, darauf stand: 1. August 2345! Ich lüge nicht, das ist wirklich so gewesen. Das Seltsame war, dass ich so frei wie schon lange nicht mehr atmen konnte, obwohl die Luft so seltsam roch."

„Ich glaube, sie hatte einen Schlaganfall", flüsterte einer von Milas Schwiegersöhnen.

„Pssst", zischte seine Frau, die bemerkte, dass ihre Mutter schon wieder atemlos geworden war, aber trotzdem weiterberichten wollte.

„Ich fragte, wo sich die Polizei befände, denn einen anderen Rat, als dort meine Geschichte zu erzählen, wusste ich mir nicht und die jungen Leute wiesen mir den Weg. Dort angekommen, wurde ich zuerst in einer Art Schleuse berührungslos untersucht, mittels so einer Art Röntgenstrahlung. Anschließend erhielt ich einen Stempel in den Nacken, danach durfte ich eintreten. Natürlich haben mir die Beamten kein Wort geglaubt und mich ‚nach Hause' geschickt. Einer meinte sogar, ich soll nicht so viel Alkohol trinken." In Milas Blick zeigte sich Empörung, ehe sie fortfuhr: „Ich habe dann zu weinen begonnen, weil ich keine Ahnung hatte, was ich tun sollte. Also ging ich zurück auf die Wiese und hab mich an dieselbe Stelle gelegt, an der ich kurz zuvor angekommen war. Neben mir saß wieder der Roboter im Gras, der sich auch zuvor dort aufgehalten hatte und mittlerweile in einem Buch las. Als er mich sah, nickte er und zwinkerte mir zu. Und plötzlich verspürte ich neuerlich diesen Sog, ein paar Sekunden später saß ich wieder hier auf der Couch."

Mein Freund stieß mir in die Rippen, beugte sich zu mir herüber und wisperte: „Wir müssen sie ins Spital bringen." Ich nickte beklommen.

Eine von Milas Töchtern trat an ihre Mutter heran, zögerte und sagte dann: „Du müsstest diesen Stempel noch haben, oder?"

„Richtig!", schrie die alte Dame begeistert auf und begann zu strahlen. Sie hob ihr mittellanges Haar an und ließ uns einen Blick auf ihren Nacken werfen. Unglaublich, aber wahr: Wir sahen alle einen giftgrünen Abdruck auf der Haut. Darauf stand: „Policei Varsawie 0II".

Wenn eine Höhle die Realität verändert

Wolfsberg/Kärnten, Österreich

Erzählung von C. G.

Dieser Vorfall ereignete sich vor rund 30 Jahren, kurz nach der Gründung der Stone Hole Ghosthunter. Damals waren wir noch ein loser Haufen von an paranormalen Phänomenen interessierten Personen, heute sind wir ein eingetragener Verein mit einer variierenden Anzahl von Mitgliedern. In unserer Gruppe befinden sich sowohl medial bzw. spirituell veranlagte Menschen und Hobby-Geisterjäger, aber auch Skeptiker.

Wir machen laufend Exkursionen in Gebiete, an Plätze oder zu Gebäuden, wo es laut Erzählungen oder Zeugenberichten zu Spukerscheinungen kommt, und untersuchen vor Ort die Atmosphäre nach Auffälligkeiten.

Auf diese Weise kamen wir – Sonja, Sandra, Robert und ich selbst – eines Tages nach Wolfsberg im Kärntner Lavanttal, weil es dort eine Ruine geben soll, auf der angeblich mysteriöse Dinge vor sich gehen. Was wir dort dann erlebt haben, können wir bis heute nicht richtig zuordnen.

Wir parkten unser Fahrzeug am Fuß des Hügels, auf dem sich die Reste der ehemals prächtigen Festung befinden, und schlugen nach einem anstrengenden Aufstieg unser Lager inmitten der Ruine auf. Es war noch hell und so hatten wir die Gelegenheit, das Areal noch vor Sonnenuntergang zu erkunden; das ist uns auch am liebsten so, damit wir nicht erst bei Dunkelheit durch unbekanntes Terrain stolpern und riskieren, irgendwo hineinzufallen oder gar abzustürzen.

Die Burg Hartneidstein wurde um 1300 in 877 Meter Höhe an einem Hang der Koralpe oberhalb des Orts Eitweg durch Hartneid von Weißenegg errichtet. In ihr befand sich auch das Landgericht. 1331 kam sie an die Herren von Walsee, 1363 an die Grafen von Cilli und 1425 an das Bistum Bamberg. Nach einer Zerstörung durch die Türken im Jahr 1469 hat man die Festung zwar wieder aufgebaut, doch als Ende des 17. Jahrhunderts der Gerichtssitz nach Wolfsberg verlegt wurde, setzte der Verfall ein, der bis heute weiter fortschreitet. Von der ersten Anlage sind noch die Mauern des mächtigen quadratischen Bergfrieds erhalten, weitere Teile stammen von jüngeren Bauten.

Bei unserer Ankunft fanden wir ein wild verwachsenes Gemäuer vor, das eine unheimliche Aura umgab. Nachdem wir uns einen Überblick über das Gelände verschafft hatten, bauten wir so weit wie möglich einen Teil unserer Geräte auf und splitteten das Team in zwei Gruppen. Auch das ist eine bei uns übliche Vorgehensweise, es soll nämlich niemals eine Person allein unterwegs sein.

Robert und Sandra planten, den unteren Teil der Ruine zu erforschen, da wir beim Aufstieg dort eine Höhle oder einen Eingang gesehen hatten. Sonja und ich wollten in der Zwischenzeit die restlichen Geräte vorbereiten. Wir vereinbarten, eine halbe Stunde später wieder zusammenzukommen und eine erste paranormale Untersuchung durchzuführen.

Unsere beiden Freunde machten sich also auf den Weg zu dieser Höhle, oder was auch immer das sein würde, und auch wir begannen kurz darauf mit unserer Tätigkeit.

Der Aufbau benötigte dann mehr Zeit als angenommen, und als ich auf die Uhr schaute, war bereits eine Dreiviertelstunde vergangen. Robert und Sandra verspäteten sich also bereits um eine Viertelstunde, was ihnen gar nicht ähnlich sah. Sie meldeten sich sonst immer, wenn sie noch etwas länger brauchten. Verlässlichkeit war und ist bei uns oberstes Gebot, nur so kann man die Sicherheit des Teams gewährleisten.

Da wir damals schon mit Walkie-Talkies ausgerüstet waren, probierten wir gleich, sie zu erreichen, da wir uns Sorgen machten. In solchen Situationen befürchtet man natürlich immer, dass etwas passiert ist, die betroffenen Personen vielleicht irgendwo feststecken oder hinuntergefallen sind. Wir konnten sie allerdings nicht erreichen. Mit einem mulmigen Gefühl machten wir uns auf die Suche und erreichten zehn Minuten später den Eingang, den wir beim Aufstieg als Vertiefung im Gemäuer wahrgenommen hatten und der offenbar zu einem Kellergewölbe der Ruine führte. Allerdings trafen wir Robert und Sandra dort nicht an und unsere Rufe verhallten ungehört oder zumindest unerwidert in dem finsteren Loch. Sonja schaute dann auch noch hinein und berichtete anschließend, dass die Höhle etwa drei Meter tief und der Rest verschüttet war. Unsere beiden Team-Mitglieder hatte sie nicht gefunden und auch sonst nichts Außergewöhnliches bemerkt.

Plötzlich begannen unsere Walkie-Talkies verrückt zu spielen, sie gaben Geräusche von sich, die sich wie ein Kreischen und Heulen anhörten. Wir bekamen es mittlerweile wirklich mit der Angst zu tun und fürchteten, es könnte etwas passiert sein. Wir umrundeten die Ruine auf der Suche nach unseren Freunden mehrmals und riefen dabei laut ihre Namen. Als wir das zweite Mal bei der mysteriösen Höhle eintrafen, welche die beiden hatten untersuchen wollen, kamen sie uns plötzlich entgegen und freuten sich sichtlich, uns zu sehen.

Sonja und ich fragten erbost nach, warum sie nicht pünktlich beim verabredeten Treffpunkt erschienen waren und sich auch nicht mittels Walkie-Talkie gemeldet hatten. Robert und Sandra sahen uns verwundert an und fragten dann, warum wir uns so aufregten, sie wären doch erst 20 Minuten unterwegs. Zum Beweis hielten sie uns ihre Uhren vor die Nase, die ihre Aussage tatsächlich bestätigten. Verwirrt erklärte ich, dass die Zeit nicht stimmen konnte und wir sie über eine halbe Stunde lang gesucht und bei dem Kellergewölbe auch mehrmals gerufen hätten. Die beiden schüttelten ungläubig die Köpfe. Robert berichtete: „Wir sind nur rund 15 Meter in die Höhle hineingegangen, dann kamen plötzlich so fürchterlich schaurige Töne aus den Walkie-Talkies, dass wir umgedreht haben. Und da sind wir jetzt."

„Aber wir waren vorher da … Ihr hättet uns doch hören müssen, als wir euch riefen, wenn ihr nirgendwo anders hingegangen seid", entgegnete Sonja, die eine möglicherweise aufgetretene Zeitanomalie erst einmal ignorierte und den beiden nicht so recht glauben wollte. Zumal sie ja überzeugt davon war, dass das Gewölbe nur etwa drei Meter tief war.

In der Zwischenzeit verglichen Sandra und ich unsere Uhren – auf meiner war es etwas über eine Stunde später. Anschließend betraten wir zusammen den Raum im unteren Teil der Ruine … und kamen nicht weiter als drei Meter, danach befand sich eine Geröllwand direkt vor uns. Unsere beiden Team-Mitglieder verstanden in dem Moment die Welt nicht mehr, weil sie beschwören konnten, viel weiter in das Kellergewölbe hineingegangen zu sein, das aber in deutlich kürzerer Zeit, als sie tatsächlich verschwunden gewesen waren. „Wir sind bis zu einem großen Raum gelangt, wo die Walkie-Talkies dann diese seltsamen Geräusche produzierten, sodass wir rasch umgekehrt und durch den etwa 15 Meter langen Gang hinausgegangen sind. Dort seid ihr uns dann schon entgegengekommen. Das hat insgesamt nicht länger als ca. 20 Minuten gedauert", beteuerte Sonja neuerlich.

Nachdem wir noch eine halbe Stunde gerätselt und uns danach wieder beruhigt hatten, führten wir unsere erste PU durch, bei der sich einige Geister zu Wort meldeten. Wir fragten sie auch nach der Höhle und dem Zeitphänomen, bekamen aber nur Gelächter zur Antwort. Robert wollte dann noch eine Befragung direkt im Kellergewölbe machen, doch mein Gefühl sagte mir, dass das keine gute Idee war, und so ließen wir es sein. Da wir noch einen Abstieg von einer Stunde bei völliger Dunkelheit vor uns hatten, drängte ich zum Aufbruch. Wir packten also zusammen und machten uns auf den Rückweg. Wir waren neugierig und wollten schon dringend wissen, was die Uhr am Armaturenbrett meines Autos anzeigte – Handys gab es damals ja noch nicht zu erschwinglichen Preisen. Beim Fahrzeug angekommen, warf ich sofort gespannt einen Blick auf die Uhr – sie stimmte mit meiner überein.

Also hat uns entweder ein Geist gefoppt, unsere Wahrnehmung manipuliert und an den Zeigern gedreht oder in dieser mysteriösen Höhle werden Raum und Zeit verändert.

Wie aus dem Geisterjäger ein Stallknecht wurde

Rattenberg/Tirol, Österreich

Erzählung von C. G.

Die Höhenburg Rattenberg hat um 1000 ein gewisser Rato aus dem Geschlecht der Rapotonen an einer strategisch günstigen Position auf einer bis nahe an den Fluss Inn reichenden Bergkuppe südlich oberhalb der Stadt Rattenberg erbaut. 1254 erhielt die Siedlung am Fuß des Hügels das Marktrecht und wurde erstmals urkundlich erwähnt, Ende des 14. Jahrhunderts hat man mit der Verleihung des Stadtrechts eine Stadtmauer errichtet und darin die Festung miteinbezogen. Zu Beginn des 16. Jahrhunderts ließ Kaiser Maximilian I. zahlreiche Zubauten errichten. Da die Burg damals als Gerichtssitz diente, wurde sie auch als Gefängnis und Hinrichtungsstätte genutzt. Nachdem Joseph II. im Jahr 1703 die Herrschaft verkauft hatte, verfiel das Gemäuer zusehends, bis es die Stadt Rattenberg 1905 übernahm und absichern ließ. Heute sind von der mittelalterlichen Festung, die mit den Resten der Stadtbefestigung unter Denkmalschutz steht, nur noch die unteren Geschosse des östlich vorgelagerten Bergfrieds erhalten.

Diese Ruine haben Gerhard, Robert und ich eigentlich nicht besucht, um dort als Stone Hole Ghosthunter paranormale Phänomene aufzuspüren, sondern um dort auf Schatzsuche zu gehen. Nach dem Anstieg über eine steile, in den Fels gehauene Treppe oben angekommen, trennten wir uns, weil Robert unbedingt zu dem am höchsten gelegenen Teil der Anlage schauen wollte. Bei Geisterjagden darf niemand ohne zweite Person auf Entdeckungsreise gehen, doch das war an diesem Tag nicht der Fall, und so hatten wir kein Problem damit, unseren Freund allein ziehen zu lassen. Gerhard und ich blieben direkt bei der Ruine, um uns dort genauer umzusehen. Wir schauten in sämtliche Löcher und Ritzen im Mauerwerk und untersuchten diese nach Relikten aus der Vergangenheit. Selbstverständlich hätten wir einen Fund bei der Gemeinde abgegeben, denn bei einer solchen Suche geht es nicht darum, sich zu bereichern, sondern Kulturschätze zu sichern und der Allgemeinheit zugänglich zu machen, beispielsweise in einem Museum.

Danach schossen wir ein paar Fotos, um sie den anderen Mitgliedern des Vereins zu zeigen und eine künftige PU zu diskutieren.

Nach etwa einer Stunde kam Robert zu uns zurück und wirkte irgendwie sehr geschwächt. Die Sonne stach am Tag unseres Ausflugs besonders heiß vom Himmel, daher gab ich unserem Freund etwas zu trinken und riet ihm, in den Schatten zu gehen. Als er sich nach einiger Zeit dazu in der Lage fühlte, erzählte er uns eine seltsame Geschichte: „Ich habe oben einen Mann gesehen, der mit einer Art Sack als Kittel bekleidet war. Und er trug Ledersohlen, die er mit einer Art Spagat an den Füßen festgebunden hatte. Der Typ wollte mir etwas mitteilen, aber mir wurde schwindelig und ich habe wohl das Bewusstsein verloren. Plötzlich befand ich mich im Mittelalter und musste als Stallknecht schwere Arbeit verrichten. Ich habe die Pferde gewaschen und gestriegelt, ihre Zähne gesäubert, die Hufe ausgekratzt, die Boxen ausgeräumt und geputzt … Ich schwör euch, ich konnte sogar das Stroh und den Pferdemist riechen."

Er hob seine Hände und verzog gleich darauf angewidert das Gesicht. „Da, bitte, ich stinke immer noch!", behauptete er und streckte mir die Arme entgegen. Auch mir stieg ein strenges Bauernhof-Aroma in die Nase, doch ich schob es darauf, dass er geschwitzt und auf seinem Spaziergang sicher hin und wieder auch schmutzige Steine, Erde und Pflanzen berührt hatte. Robert behauptete dann auch noch, dass sein Aufenthalt in der anderen Zeit den ganzen Tag gedauert haben musste, weil er total erledigt wäre und sein Rücken schmerzte. Außerdem wiesen seine Handflächen große Blasen auf, die er allerdings auch schon vor seinem – realen oder eingebildeten – Erlebnis hätte haben können. „Ich unterhielt mich auch mit einigen Leuten, beispielsweise mit einem Stallburschen. Er hatte braune Zähne und Läuse.

Und er war wirklich ungebildet, konnte weder lesen noch schreiben und wusste nicht, dass es noch andere Länder gibt. Stellt euch das vor, er dachte, Tirol wäre die ganze Welt." Robert lachte, dann berichtete er weiter von seinem Erlebnis. „Und ich habe das Pferd für eine wunderschöne Frau gesattelt. Warte, die hieß … Lula. Ich glaube aber, das war nur ihr Spitzname. Die trug ein sehr schönes Kleid, hatte langes blondes Haar und blaue Augen. Glaubt ihr mir jetzt oder meint ihr, ich denke mir das alles nur aus?"

Ich blieb skeptisch und erklärte unserem Freund: „Ich bin davon überzeugt, dass du dir sicher bist, das alles erlebt zu haben. Vermutlich hast du allerdings einfach einen Kreislaufzusammenbruch gehabt und dir das nur eingebildet, wie eine Art Traum."

Doch Robert blieb steif und fest bei seiner Behauptung, einen Tag lang im Mittelalter verbracht und dort als Stallknecht gearbeitet zu haben. Wir baten ihn daraufhin, uns die Stelle zu zeigen, an der er ohnmächtig geworden war, und stiegen zum oberen Teil der Anlage hinauf. Dort fanden wir aber nichts, was uns hätte annehmen lassen, dass die Geschichte stimmte. Robert zeigte uns, wo genau das Gebäude gestanden war, in dem er gearbeitet und die vielen Stunden, die er gefühlt weg gewesen war, verbracht hatte.

Wir führten an genau der Stelle ein PU durch und die Ergebnisse erstaunten uns dann doch sehr. Uns antwortete nämlich eine männliche Stimme, die sich Oskar nannte, woraufhin Robert ausrief: „Der Stallbursche!" Die Spukerscheinung teilte uns mit, dass sie 23 Jahre alt geworden und an der Pest gestorben wäre. Sie hätte zwei Kinder gehabt und ein glückliches Leben geführt. Einmal hat die Seele unseren Freund sogar persönlich angesprochen und gesagt: „Bleibt in Erinnerung!" Was genau das bedeutete, wussten wir nicht. Robert meinte, es hieße, dass er an ihn und die gemeinsame Arbeit im Stall denkt.

Nach diesen Aufnahmen packten wir zusammen und fuhren zurück nach Hause.

Doch mir ließ das Erlebnis unseres Freundes keine Ruhe und ich begann zu recherchieren. Ich besorgte mir sogar den ursprünglichen Grundriss der Festungsanlage, den ein mir bekannter Historiker aufgrund der Anordnung der Mauerreste und auf der Burg entdeckter Relikte aus längst vergangenen Tagen angefertigt hatte. Es stellte sich heraus, dass sich dort, wo Robert gearbeitet haben wollte, tatsächlich ein Pferdestall befunden hatte, was dort gefundene alte Nägel und Hufeisen belegten.

Ein Steinkegel als Zeitkapsel

Groß Gerungs/NÖ (Waldviertel), Österreich

Bericht von Gabriele Hasmann

Dem sagenumwobenen Waldvierteil eilt schon seit jeher der Ruf voraus, besonders mystisch zu sein, wobei dieser Eindruck durch die häufig nebelverhangene Landschaft und die relativ geringe Bevölkerungsdichte entsteht. Interessant für spirituelle Menschen sind vor allem die Kraftorte in der Nähe der bekannte Wackelsteine – dabei handelt es sich in der mythologischen Interpretation um Spielzeugsteine von Riesen, bei der spirituellen Erklärung um kultische Opferplätze und bei der geologischen um durch Verwitterung oder Ablagerung entstandene wuchtige Felsblöcke, die leicht beweglich (metastabil) auf ihrer Unterlage balancieren.

Ein besonderes Highlight, was Energietankstellen in der Natur betrifft, ist allerdings der moosbewachsene Stufenkegel im Neuwald am Ober-Neustifter Steinberg zwischen Zwettl und Groß Gerungs. Er besteht aus vier kreisförmigen Ebenen mit einer Gesamthöhe von 6,8 Metern. Der Durchmesser der untersten Stufe beträgt 16,5 Meter, jener der obersten 7,2 Meter. Es ist davon auszugehen, dass aufgrund der labilen Steinschichtung einst eine Aufstiegshilfe in Form einer Art von Holzgerüst bestanden hat.

Bei dieser steinernen Pyramide handelt es sich um die einzige bekannte Felskonstruktion dieser Art in Mitteleuropa, die im Jahr 2000 vom Bundesdenkmalamt unter Schutz gestellt wurde. Der Grund für die Erbauung der Anlage sowie deren Verwendung ist noch ungeklärt, sie gilt daher als archäologisches Rätsel. Entstanden sein dürfte sie jedenfalls im Zusammenhang mit der 1747 von Leopold Christoph von Schallenberg gegründeten Freimaurerloge im Schloss Rosenau im Bezirk Zwettl.

Das genannte Mauerwerk befindet sich inmitten einer von Energetikern so bezeichneten Kraftarena, zu der weiters die 500 Tonnen schwere steinerne Weltkugel, deren Bioinformationen beim Menschen elektromagnetische Belastungen aufheben sollen, die legendäre Klauskapelle, deren Glockengeläut angeblich Wünsche erfüllt, der Kierlingstein mit seiner natürlichen Granitschale, die laut Volksmund heilendes Wasser enthält, und der Summstein, der die eigene Stimme in Körperschwingungen umwandelt, gehören.

Es ist bekannt, dass bei Kraftorten häufig paranormale Phänomene auftreten. So verwundert es kaum, dass diese auch im mystischen Waldviertel zu beobachten sind, unter anderem bei dem Stufenkegel im Neuwald. Die Konstruktion fungiert einigen Zeugenberichten nach als eine Art Zeitkapsel, deren unsichtbares Zutrittsportal sich über die ersten drei Stufen erstreckt und nur mittels Gedankenkraft zu öffnen ist. Was anschließend abläuft, wird einhellig so geschildert: Beim Betreten der Gesteinsformation, die, so die mehrheitliche Meinung, vor vielen Jahrhunderten von Außerirdischen errichtet wurde, beginnt zuerst ein Schrumpfungsprozess – die Frage, wie klein man dabei wird, konnten die Befragten nicht beantworten und einigten sich auf „nicht mehr sichtbar". Anschließend begibt man sich in eine Art Schaltzentrale und stellt auf einer simplen Tastatur die Zeit ein, in die man reisen möchte, woraufhin diese auf einem Display angezeigt wird. Man kann dabei sowohl eine Epoche als auch ein bestimmtes Jahr oder sogar ein genaues Datum einprogrammieren. Danach wird eine Weltkarte eingeblendet und man wird aufgefordert, auf die Stelle zu tippen, wo man landen möchte. Zuletzt informiert ein Text auf dem Bildschirm darüber, dass 15 Minuten nach dem Start die Rückholung „der Materie" eingeleitet wird, die sonst im Kosmos zu Staub zerfällt. Angeblich kommt einem diese Viertelstunde an dem Ort, den man gewählt hat, aber wie etwa ein halber Tag vor. Kurz darauf wird Energie für den Transport und die Schaffung eines stabilen Raumzeittunnels produziert. Dann kann man die Gegenwart hinter sich lassen und für gefühlte zwölf Stunden der Realität entfliehen.

Aber handelt es sich bei diesen Erlebnissen um ein tatsächliches Vorkommnis oder um eine Halluzination? Reisen die betroffenen Personen wirklich durch Raum und Zeit oder nur in ihrer Vorstellung durch eine Fantasiewelt? Diese Fragen sind nicht eindeutig zu beantworten, denn: Alles ist möglich, auch wenn es auf den ersten Blick nicht sehr wahrscheinlich zu sein scheint.

Archäologische und andere Anachronismen

Überall auf der Erde

Bericht von Gabriele Hasmann

Archäologen und Paläontologen sind stets redlich bemüht, die stummen Zeugnisse der Vergangenheit unter den darauf aufgebauten Schichten der nachfolgenden Zeit zu finden, anschließend zu datieren und zuletzt zu deuten. Irgendwann werden alle Puzzlesteine gefunden und wird ein vollständiges Bild vom Ursprung der Welt und der Menschheit entstanden sein. Die Geo-Detektive gehen allerdings schon lange nicht mehr nur mit Schaufel und Spaten ans Werk und graben damit auf gut Glück in der Erde. Vielmehr verwenden sie verschiedenste Geräte und Apparaturen, die sich auf dem neuesten Stand der Technik befinden, sowie komplizierte Verfahren und Methoden zur näheren Bestimmung der Funde. Es kommen regelmäßig etwa Bodenradar, globale Satellitenortung und diverse geophysikalische Messungen zum Einsatz. Jede neue Entdeckung kann theoretisch dazu führen, dass alle bisherigen konventionellen Thesen über die Wurzeln unserer Zivilisation revidiert werden müssen.

Die Beweise für archäologische Anachronismen wurden allerdings schon vor längerer Zeit erbracht: So fand man beispielsweise menschliche Überreste, eingebettet in viele Millionen Jahre altes Kohlegestein, die somit aus einer Epoche stammen müssten, in welcher der Homo sapiens laut seiner Entstehungs- und Entwicklungsgeschichte noch lange nicht auf der Erde in Erscheinung trat.

Aber nicht nur fossile Knochen existieren in Millionen von Jahren alter geologischer Materie, sondern unter anderem auch Abdrücke von Sandalen, in denen zertretene Urzeitkrebse zu finden sind, goldene Schmuckstücke oder eiserne Nägel. Im Jahr 1877 wurde in den USA im kalifornischen Table Mountain sogar ein Steinmörser mit Stößel entdeckt, der laut Forschern ca. 33 Millionen Jahre alt ist. Wer hat diese Kochutensilien hergestellt und verwendet?

Ein weiteres Mysterium stellt der „Mechanismus von Antikythera“ dar, wobei es sich um eine antike astronomische Uhr handelt, die ihrer Zeit weit voraus war. Das Gerät, das im Jahr 1900 von Tauchern in einem Schiffswrack vor der griechischen Insel Antikythera in der Nähe von Kreta geborgen wurde, zeigt mithilfe von Zahnrädern und Zifferblättern astronomisch-kalendarische Zusammenhänge. An Bord befindliche Münzen erlauben die Datierung des Schiffsuntergangs auf 70 bis 60 v. Chr. Technisch derart anspruchsvolle Mechanismen aus der Antike sind allerdings völlig unbekannt. Das Fundstück aus den Tiefen des Mittelmeers ist in seiner Konstruktion und Darstellung sogar wesentlich komplexer als die astronomischen Uhren des späten Mittelalters.

Eine Erklärung für die kuriosen, aus der Zeit gefallenen Artefakte wäre folgende: Es hat schon vor dem heute bekannten Menschen, der laut neuesten Erkenntnissen vor etwa einer Million Jahre erstmals in Erscheinung getreten ist, intelligentes Leben auf der Erde gegeben, das zum Beispiel aufgrund einer globalen Naturkatastrophe aber wieder spurlos vom Planeten verschwand. Eine andere Erklärung lautet: Menschen aus der Zukunft, die mittlerweile längst in unserer Vergangenheit liegt, sind in ihrer Zeit zurückgereist und haben nicht alle Spuren ihres Aufenthalts gelöscht.

Hätte es, früher als die Wissenschaft festgestellt hat, schon Menschen gegeben, wären Hinweise auf ihre Existenz bestimmt in alten Schriften zu finden gewesen. Leider sind viele dieser Dokumente verloren gegangen – etwa beim Bibliotheksbrand in Alexandria 47 v. Chr., bei dem unschätzbares Wissen auf 700 000 Papyrusrollen für immer von der Erdoberfläche verschwand.

In diesem Zusammenhang sind auch die Akasha-Chroniken interessant, bei welchen es sich um ein übersinnliches „Buch des Lebens“ handeln soll, das in immaterieller Form ein universelles Weltgedächtnis enthält. Manche Esoteriker behaupten, diese spirituelle Database nutzen und in den Akasha-Chroniken lesen zu können. Es wird dabei von der Vorstellung ausgegangen, dass jeder Gedanke, jede Idee und jede Handlung aus Vergangenheit, Gegenwart und Zukunft (auch aus früheren Leben jedes Lebewesens sowie von Materie, die Lebenskraft besitzt, etwa Steine) in diesem „kosmischen

Dimensionsnetz" gespeichert ist. Als eines der hervorstechendsten Merkmale der Akasha-Chroniken gilt, dass die Regeln der Zeit nicht gelten und sozusagen alles gleichzeitig existiert und die Informationen somit immer gleichermaßen zugänglich sind.

Eng in Verbindung damit stehen die Palmblattbibliotheken, von der insgesamt zwölf in Indien, Myanmar und Bali existieren und in denen das Schicksal jedes Menschen bis zum Tod aufgezeichnet ist – sie geben dabei Auskunft über die Vergangenheit und Zukunft einer Person, inklusive gesundheitlicher Probleme und möglicher Partnerschaften. Im Jahr 5000 vor Chr. wurden in Süd- und Südostasien erstmals Texte in den Sprachen Sanskrit und Alt-Tamil von den Rishis, den heiligen Sängern, Dichtern, Poeten und Sehern des Hinduismus, in die Palmblätter eingeritzt, anschließend jeder Buchstabe mit Ruß oder einer dunklen Substanz geschwärzt und lesbar gemacht. Aufgrund der Brüchigkeit des Trägermaterials werden die Informationen alle 500 bis 800 Jahre neu niedergeschrieben, um kein Wissen zu verlieren.

Es ist jedem Besucher einer solchen Bibliothek möglich, sich gratis sein Palmblatt vorlesen zu lassen und sich anhand von Fragen nach seinem weiteren Lebensverlauf zu erkundigen. Der Vortragende gibt auf Wunsch zudem Auskunft über die Talente jeder Person und kann damit Tipps für beispielsweise die Berufswahl geben.

Neben den persönlichen Palmblättern existieren zudem Exemplare, die Vorhersagen zum Weltgeschehen treffen – für 2019 wurden eine schlimme Krankheit, politische Krisen und gravierende Folgen durch den Klimawandel prophezeit.

Liefern Reisen durch Zeit und Raum, ob tatsächlich oder nur mit der Kraft der Gedanken, aber nun wirklich ausreichend zufriedenstellende Gründe für das Auftreten dieses Phänomens der „Dinge, die es nicht geben dürfte" (ein Thema, dem sich unser Kollege Reinhard Habeck bereits ausführlich in einem Buch gewidmet hat)?

An dieser Stelle seien einige Autoren – vor allem im Bereich Science-Fiction – erwähnt, die ihrer Zeit ebenfalls weit voraus waren und in deren prophetischen Texten es möglicherweise nur scheinbar keinen kausalen Zusammenhang zwischen Fiktion und Realität gibt.

Nehmen wir beispielsweise den Franzosen Jules Verne, der Mitte/Ende des 19. Jahrhunderts lange vor ihrer Entwicklung Flugzeuge, Raumschiffe und U-Boote in seine Geschichten einbaute. In seinem Buch *Von der Erde zum Mond* beschrieb er 1865 die Landung auf dem Erdtrabanten nahezu so, wie sie mit dem Apollo-11-Flug ein Jahrhundert später stattfand – es decken sich vom Start von Florida aus, über die Form der Trägerraketen bis hin zum Schutzschild der Kapsel sämtliche Details.

Auch die Werke des US-amerikanische Schriftstellers Edgar Allan Poe, entstanden Anfang bis Mitte des 19. Jahrhunderts, weisen Übereinstimmungen mit der Gegenwart auf. In seiner Geschichte „The Narrative of Arthur Gordon Pym of Nantucket" beispielsweise beschrieb er, wie vier Schiffbrüchige auf einem Floß auf dem offenen Meer trieben und schließlich drei der Männer den vierten, einen Jungen namens Richard Parker, töteten und verspeisten. Exakt das ist rund 50 Jahre später tatsächlich passiert, sogar der Name des Opfers war ident.

Ähnlich seltsam mutet die Tatsache an, dass der amerikanische Autor Morgan Robertson in seiner Erzählung „Das Wrack der Titan" 14 Jahre vor der Jungfernfahrt der „Titanic" über deren Untergang im Jahr 1912 berichtete.

Was, wenn wir für die Übereinstimmung fiktiver Inhalte in den Werken schreibbegabter Personen mit Ereignissen in der Wirklichkeit das Wort „Zufall" bemühen? Es handelt sich dabei laut traditioneller Interpretation um ein Phänomen, bei dem es für unbegreifliche Vorfälle oder das Zusammentreffen von Ereignissen ohne erkennbaren Zusammenhang keine Erklärung gibt. Die moderne Zufallsforschung spricht allerdings vom Koinzidenz- oder Synchronizitäts-Prinzip, laut dem Personen, Dinge und Vorgänge durch Ähnlichkeiten miteinander sinnverwoben sind. Der Schweizer Tiefenpsychologe Carl Gustav Jung hielt es sogar für möglich, dass noch andere Formen von Raum und Zeit existieren als die uns bekannten und unerklärliche Zusammenhänge deshalb auf unbekannte Weise zueinander in Beziehung stehen könnten. Und damit schließt sich der Kreis.

Quellen

Stand aller Internetseiten per 15. Juli 2021

Allgemeine Quellen:

http://www.aeiou.at	österreichisches Wissensnetz
http://anno.onb.ac.at/	Austrian Newspaper Online
https://austria-forum.org	das Wissensnetz aus Österreich
https://books.google.at/	Digitale Bücher
http://www.wikipedia.at	freie Online-Enzyklopädie

Weiterführende Quellen:

Hasmann, Gabriele: „Prominente Geister: Wo berühmte Persönlichkeiten in Österreich spuken", von Gabriele Hasmann (Verlag Ueberreuter, Wien 2017)

Kunze, Gerhard (R. I. P., lieber Freund) und Hasmann, Gabriele: „Das magische Wien – Spaziergänge an Kraftorte", Amalthea Verlag, Wien 2014

https://www.blick.ch/life/wissen/menschen/diese-menschen-sind-spurlos-verschwunden-id15113411.html

https://www.curioctopus.de/read/29550/im-jahr-1921-schrieb-dieser-mann-tagebucher-in-denen-er-sagte-er-lebte-im-jahr-3906-und-erzahlte-einzelheiten-uber-unser-jahrhundert

https://de.wiki-aventurica.de/wiki/Feentor

https://www.focus.de/kultur/kino_tv/wer-kennt-diesen-mann-unbekannte-leiche-aus-inn-bei-nussdorf-geborgen-polizei-zeigt-kleidungsstuecke_id_13381175.html

https://www.geeklythings.com/missing-411/

https://www.geo.de/geolino/mensch/1707-rtkl-atlantis-das-raetsel-um-die-versunkene-stadt

https://www.geo.de/geolino/wissen/21667-rtkl-bermuda-dreieck-die-legende-auf-dem-friedhof-des-atlantiks

https://www.geo.de/natur/9391-rtkl-zeitreisen-tunnel-andere-welten

https://www.helles-koepfchen.de/atlantis.html

https://www.independent.co.uk/travel/europe/hoia-baciu-transylvania-haunted-trees-ufo-ghosts-how-to-visit-camping-alex-surducan-marius-a8023136.html

https://www.krone.at/2347888

https://www.matrixblogger.de/al-bielek-zeitreisender-berichtet-aus-dem-jahre-2749/

https://www.matrixblogger.de/john-titor-der-zeitreisende-aus-der-zukunft/

https://www.matrixblogger.de/paul-dienachs-reise-in-die-zukunft/

https://www.nexus-magazin.de/artikel/lesen/missing-411-das-phaenomen-der-mysterioesen-vermisstenfaelle?context=category&category=17
https://www.pravda-tv.com/2016/04/kanada-1930-ein-ganzes-dorf-verschwindet-spurlos-video/
https://www.scientificmystery.com/time-traveller-al-bielek/
https://skeptoidhttps://skeptoid.com/episodes/4520.com
https://terra-mystica.jimdofree.com/biologie-medizin-psychologie/gibt-es-f%C3%BCr-das-d%C3%A9j%C3%A0-vu-eine-wissenschaftliche-erkl%C3%A4rung/
https://www.sueddeutsche.de/panorama/alaska-dreieck-polarkreis-raetsel-1.5150642
https://www.vice.com/de/article/8q8wbv/fuenf-theorien-die-fuer-die-existenz-von-paralleluniversen-sprechen
https://www.vol.at/vermisster-sohn-zurueck-papa-i-bin-a-harta-hund/7013276
https://www.waldviertel.at/natur-kraftarena-grossgerungs
https://www.welt.de/kultur/article152337968/Sind-wir-von-unsichtbaren-Parallelwelten-umgeben.html
https://www.youtube.com/watch?v=fzqlEyRNT-o

Die Autorinnen

Gabriele Hasmann wohnt in Baden bei Wien. Sie ist Journalistin, Autorin, selbstständige Ghostwriterin, Autorenmanagerin (www.wunschtext.at) und erfahrene Spuk-Jägerin. Sie hat bereits zahlreiche Bücher bei Ueberreuter veröffentlicht, zuletzt erschienen „Verbrecherisches Wien“ und „Die Wilde Wanda und andere gefährliche Frauen“.

Ursula Blaim, geboren in Wien, beschäftigt sich seit über 25 Jahren mit Parapsychologie und dem Übersinnlichen. 15 Jahre als aktive Forscherin von paranormalen Ereignissen in ganz Europa, wo sämtlichen Phänomenen aktiv nachgegangen wurde. Bei Ueberreuter veröffentlichte sie gemeinsam mit Gabriele Hasmann u. a.: „Spuk in Österreich“ und „Unheimliches Österreich“.